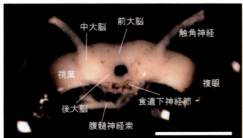
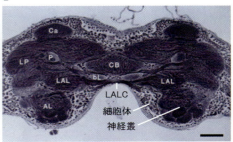
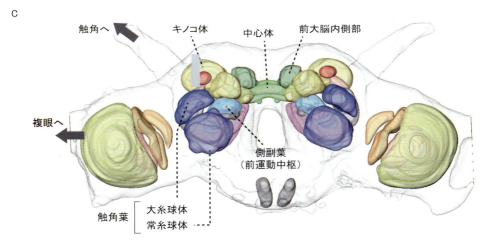

口絵1（図3.2）　オスカイコガの脳．A：顔正面からみた脳．B：脳の切片．C：脳内のさまざまなモジュール構造の配置．

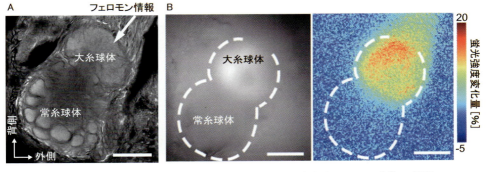

口絵2（図5.6）　カルシウムイメージング法によるカイコガ触角葉フェロモン応答の可視化

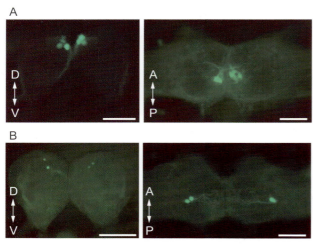

口絵3（図5.8） GAL4/UASシステムを用いた神経ペプチド分泌細胞の特異的標識

口絵4（図5.10） 光遺伝学的手法を用いた光によるフェロモン源定位行動の発現誘導

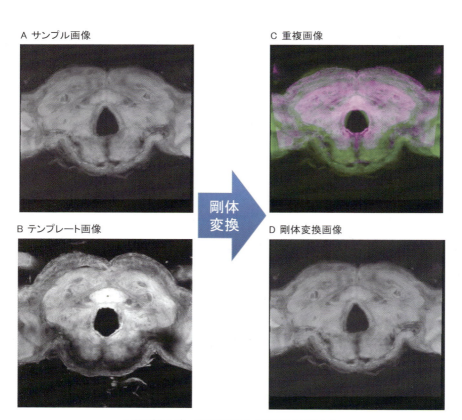

口絵5（図9.2） 剛体変換による脳画像の位置合せ

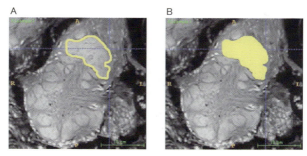

口絵 6（図 9.11）　ITK-SNAP を用いた脳内の構造のセグメンテーション

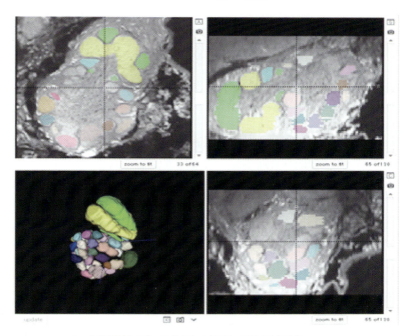

口絵 7（図 9.13）　抽出された領域と 3 次元構築結果

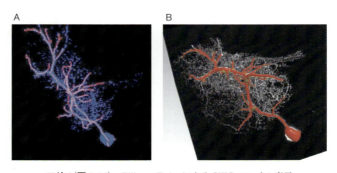

口絵 8（図 9.24）　Fiji, neuTube による SWC ファイル表示

口絵 9(図 9.31) KNEWRiTE による細胞の 3 次元形態の表示

口絵 10(図 9.32) KNEWRiTE による形態抽出結果

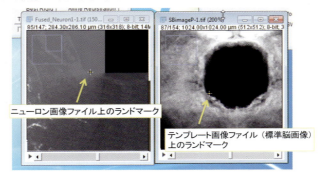

口絵 11(図 9.38) ランドマーク点の設定

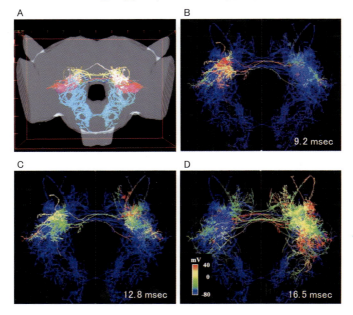

口絵 12(図 10.34) カイコガの前運動中枢の神経回路における活動のスーパーコンピュータ「京」によるシミュレーション

昆虫の脳をつくる

君のパソコンに
脳をつくってみよう

神崎亮平 編著

朝倉書店

推薦のことば

　タイトルを見て"脳をつくる"とはどういうことかと思われると思います．しかもなぜ昆虫の脳を？　本書は，昆虫の脳という身近な対象を入口として，脳について学びさらに自分の手を動かしながら，その先にある脳のしくみや知能についてあなた自身が探る機会を提供します．

　人工知能が私たちの見近な話題となってきた今日，知能をもたらす脳の働きやしくみについてもっと知りたい，考えてみたいという方が多いのではないでしょうか？

　現在までに人類が実現した技術としての人工知能は，明確なルールの使える場面で力を発揮します．計算機の記憶容量と計算速度の進化が，人間の好敵手にもなりました．ただ，定石と呼ばれてきた経験的な知識の世界を新たなツールで広げるなど，人間はすでに人工知能を一つのツールとして利用し始めているようです．道具を発明することで進化してきた人間がまた歴史の1ページを展開していると見えます．

　生物が脳を持つことで得た力は様々に変動する未知の環境で生き抜くために，自分で環境を選んだり設計したりする智慧を獲得したことです．池の魚も林の中の昆虫も，まさに自然と戦いながら四季を自分の力で生き抜く智慧を持つ生命体であることは言うまでもありません．そして何より私たち自身が好奇心を持ったり夢を持ったり，自分の生き方を見つめたりという心の働きについて脳のしくみから理解したいところです．脳と知能，そして心の問題は依然として果てしない課題を私たちに与えています．

　脳の解明は脳科学，基礎科学としての物理，化学，数学，臨床医学，社会科学，そして哲学などあらゆる分野の協力が必要であることが現在広く認識されています．異なる分野の人がお互いの疑問をぶつけてお互いに理解するというステップを通してはじめて脳の科学が人類のための智慧に展開すると期待されます．人間の脳を理解したいという前提の中で，脳の実験研究は哺乳類の中でもマウス，ラットなどが中心となっており，次に霊長類という流れで実験研究が進んできました．

これらの実験研究においても様々な分野の専門的技術を駆使して得られる新たな知見が劇的に展開しています．一方で，専門性の進展の結果として専門家どうしでしか理解できない研究というのも残念ながら少なくありません．

　神崎教授らのグループは，本書の中でこうした困難を乗り越える全く別のアイデアとアプローチを提案しています．皆で参加して昆虫の脳をつくってみようというのがその提案です．

　神崎教授のグループはこれまで昆虫の脳を対象として，遺伝子からニューロン，神経回路，脳へと異なる階層での分析を駆使し，取得した情報を丹念にデータベース化してきました．そして，スーパーコンピュータになんと一つひとつのニューロンから脳を再構築し，組み上げていくという，まさに専門を超えた最先端の研究を進めている世界でも貴重な研究グループです．このアプローチを通して本物と同じ「脳をつくる」ことに筆者らはチャレンジしているのです．さらに，本書は著者の活動を追いかけて知識を学ぶだけでなく，その活動に皆さんで参加しましょうと呼びかけます．読み進むと，データベースから昆虫脳やニューロンのデータを取得し，実際に手を動かして自分のパソコン上に昆虫脳をつくったり，神経活動のシミュレーションをすることさえできるのです．

　研究の醍醐味を味わうだけでなく，自分も研究者であるかのように自分の手が動かせる．この経験を通してあなたも脳科学研究者の一員となって，自身の脳に対する疑問をさらに展開できることと信じます．

　この壮大なプロジェクトの中で，私ども理研のグループはデータベース構築に関して参加する機会をいただいたことを感謝します．本書を通して，より多くの若い人が脳科学研究の最先端に触れさらに体験することで，皆さんにとっての学問・研究の体験の場としていただくことを期待します．

2018 年 3 月

理化学研究所
脳科学総合研究センター
神経情報基盤センター（NIJC）
神経情報基盤センター長
山 口 陽 子

はじめに

　地球上には，180万種もの生物が生息し，その生活空間は，地上，空中，地中，水中，海中などあらゆる環境に及んでいる．多様な生物がさまざまな生活環境に応じた構造と機能を獲得し，進化してきたことはまさに自然の驚異というほかない．そこには，わたしたちの想像をはるかに超えた環境への適応のしくみが潜んでいる．さまざまに変化する環境に生物がみごとに適応して行動する能力は，生物が進化の中で獲得した「知能」そのものである．そのしくみの解明は，生物のしくみを知るうえで重要であるばかりか，生物のように振る舞うロボットの「知能」や，安全で安心そして快適な生活環境を築くうえでの技術革新にも直結する．

　生物の中でも昆虫は，4億年という適応進化を経て，あらゆる環境下に生息し，現在地球上に生息する生物種のじつに50％以上を占めるようになった．昆虫は微小な寸法という，わたしたちから見れば制限要因とも思われる条件の中で，優れた感覚や脳そして行動を進化させてきた．これはわたしたち哺乳類に見られる複雑な脳や，複雑化するロボットをはじめとする機械の設計とは対照的であり，昆虫の感覚や脳・行動の研究を通して昆虫の設計には学ぶべきことは多い．

　最近，このような昆虫の感覚や脳・行動のしくみが，遺伝子からニューロン・神経回路・行動と異なるレベルから，さまざまな方法により分析され，脳をつくる要素であるニューロンの形や機能を組み上げてスーパーコンピュータ上に脳を再現したり，昆虫独自の優れたセンサや脳機能（知能）を工学的に実現して応用する研究が始まっている．

　本書は，皆さんに「昆虫」を用いたこのような脳研究がどのように行われているか，その最前線をわかりやすく解説するものである．これまでの脳の解説書がその形やはたらきを，実例をもとにして「読んで理解する」ことに主眼がおかれてきたのに対して，本書では，昆虫の感覚・脳・行動のしくみを解説するのはもちろんだが，わたしたち研究者が実際に得てきたニューロンの形や神経活動のデータを使って，皆さんのPCに脳を実際に再構築したり，ニューロンの活動のシミュレーションを行い，「研究者が行っている脳研究を実際に体験」することで，

研究の醍醐味，そして苦労も味わいながら，ニューロンと脳について学習できるように構成した．

本書は3部から構成され，「第1部　昆虫脳の基礎知識」では，なぜ昆虫の脳が，動物や人間の脳を知るうえで大切であるのか，またコンピュータを使って脳研究を行う重要性を述べた．そして，本書を通して必要となるニューロンや脳の基礎的な知識，感覚，脳，行動のしくみを昆虫を中心に説明した．

「第2部　昆虫脳の研究手法」では，研究対象とした昆虫である「カイコガ」について，その顕著な行動であるメスの発する匂い（フェロモン）でメスを探し出すオスの「匂い源探索行動」を中心に，その感覚や脳，行動のしくみについて，わたしたちがこれまでに明らかにしてきた最新の内容を解説した．そして，なぜカイコガが脳研究の対象として優れているかについて補足した．

つづいて，このようなカイコガの脳研究がどのような方法により行われてきたかを，ニューロンから神経応答を計測する「電気生理学」といわれる方法や，最新の「遺伝子工学」を用いた方法を中心に解説した．さらに，わたしたちが世界に先駆けて開発した，カイコガがドライバーとなって操縦するロボット「昆虫操縦型ロボット」や，脳から計測した神経信号でカイコガの命令通りに動くロボット「サイボーグ昆虫」など，ユニークな研究方法を紹介し，このような新しい手法により初めて明らかになった昆虫の行動や脳のしくみについても解説した．

一方で，脳に関する研究はその重要性から世界各国で活発に行われ，そこで得られたデータが近年，ニューロインフォマティクス国際統合機構（INCF）に加盟した国々を中心にデータベース化が進められ，管理提供されるようになった．日本ではINCF日本ノードとして理化学研究所脳科学総合研究センター神経情報基盤センター（NIJC）がその役割を担っており，われわれが取得したデータもNIJCが運用する「無脊椎動物脳プラットフォーム（IVB-PF）」で公開されている．第2部の最後ではこのプラットフォームについて紹介する．

そして，「第3部　昆虫脳をつくる」でいよいよ「脳をつくる」ことを実習する．まずはそのために必要なフリーソフトウェアについて解説し，「脳をつくる」ためのコンピュータ環境を整えてもらう．そして，理化学研究所のプラットフォームに登録されている，わたしたちが実際に取得したデータを使って，脳の形や，脳の内部の構造，ニューロンの形などを再現する．そして，ニューロンや神経回路の活動のシミュレーションやシミュレーションのためのプログラミングについ

て解説する．研究者になったつもりでチャレンジしてもらいたい．しかし，内容の一部は読んだだけではわかりにくいところもあると思うので，コンピュータに脳をつくる手順については動画でも順次公開するので，そちらも併用していただきたい．

本書の利用の仕方は，読者の皆さんの興味によってさまざまである．昆虫の感覚や脳，行動の基礎と最新情報を知りたい方は，「第1部 昆虫脳の基礎知識」と「第4章 なぜ，カイコガを使うのか？」をご覧いただければ十分である．昆虫の脳研究のさまざまな方法に触れたい方は，「第2部 昆虫脳の研究手法」を見ていただきたい．なかでも「昆虫操縦型ロボット」，「サイボーグ昆虫」などユニークな研究に触れてみたい方は，「第4章 なぜ，カイコガを使うのか？」から読み進めるとよい．また，脳をとにかくコンピュータ上につくってみたい方は，「第3部 昆虫脳をつくる」から読み進め，解説された手順に従って脳を構築していただきたい．また，ニューロンや神経回路（脳）のシミュレーションに興味があり，プログラムを理解し実際の活用を考えている方は，「第10章 昆虫脳シミュレーション」から読み進めてもよい．

平成24年度から高校生物は新課程となり，動物の感覚・脳・行動のしくみを実習を通して探求し学習することになった．その具体例として，高等学校学習指導要領解説（文部科学省）で「カイコガの行動」が示され，筆者らの研究が『高校生物』の教科書で詳しく取り上げられるようになった．そこで，高等学校の生物の教諭や生徒の皆さんにもぜひとも本書を活用いただけるように，本書の内容や説明については可能な限りわかりやすくなるように配慮した．しかし，内容的に高度な部分もあるが，それらは読み飛ばしてもらって一向に差し支えない．むしろ，全体を通して本書をご覧いただき，生物学・情報学・工学が融合した新しい脳研究が昆虫を対象に行われていることを知っていただければと思う．また，このような脳研究に興味を持つ方が読者の中から，また高校生や大学学部生の中から生まれるきっかけになればさらにありがたい．

本書は，これまで約30年間にわたり，わたしたちの研究室のスタッフや学生が継続して行ってきたカイコガを用いた昆虫科学の研究の歴史でもある．「昆虫の脳をつくる」ことがこれからの脳研究，さらには生物の機能を工学的に応用するうえでいかに大切であるかを本書を通してお伝えできるものと考えている．

本書の執筆者は，現在，研究室に所属するスタッフ，院生，そして共同研究を

行っている研究者であり，その協力によって本書を世に出すことができた．執筆者の皆様には心よりお礼を申し上げる．また，本書は，理化学研究所のNIJCで管理運営される無脊椎動物脳プラットフォームなしには成り立たなかった．このプラットフォームのご支援をいただいているNIJCの山口陽子先生（理化学研究所脳科学総合研究センター神経情報基盤センター長），臼井支朗先生（同前センター長），そしてNIJCの関係スタッフの皆様には心より感謝申し上げる．

最後に，朝倉書店編集部の方々には，本著の完成まで我慢強く待っていただき，全体の構成や内容についていつも有益なご助言をいただいたことに心よりお礼申し上げる．

2018年3月

神崎亮平

編集者

神崎亮平　東京大学先端科学技術研究センター　所長・教授

執筆者（五十音順）

安藤規泰　東京大学先端科学技術研究センター　特任講師
池野英利　兵庫県立大学環境人間学部　教授
岩月知香　東京大学先端科学技術研究センター　技術補佐員
加沢知毅　東京大学先端科学技術研究センター　特任研究員
神崎亮平　東京大学先端科学技術研究センター　所長・教授
後藤昂彦　東京大学大学院情報理工学系研究科
櫻井健志　東京大学先端科学技術研究センター　特任講師
並木重宏　東京大学先端科学技術研究センター　特任講師
宮本大輔　東京大学大学院工学系研究科

目　次

■■■ 第 1 部　昆虫脳の基礎知識 ■■■

第 1 章　「昆虫の脳をつくる」意味……………………………〔神崎亮平〕　2
　1.1　ヒトの脳をコンピュータでシミュレーションする……………………　2
　1.2　昆虫脳は地球環境標準型……………………………………………………　4
　1.3　昆虫脳はヒトの脳シミュレーションのテストベッド……………………　5
　1.4　脳のリアルタイムシミュレーションの重要性……………………………　6
　1.5　昆虫脳のリアルタイムシミュレーションを目指して：昆虫脳を
　　　 つくる意味………………………………………………………………………　8

第 2 章　ニューロンの形とはたらき……………………………〔神崎亮平〕　10
　2.1　脳の起源と進化………………………………………………………………　10
　2.2　ニューロンの形………………………………………………………………　11
　2.3　ニューロンのはたらき………………………………………………………　12

第 3 章　昆虫の感覚・脳・行動…………………………………〔神崎亮平〕　17
　3.1　昆虫の神経系：頭部・胸部・腹部に分散した神経節……………………　17
　3.2　頭部・胸部・腹部に分散した神経節のはたらき…………………………　18
　3.3　昆虫脳はニューロンがつくるモジュール構造からできている…………　19
　3.4　触角葉の構造と機能：匂いの識別機能を持つ中枢………………………　20
　3.5　キノコ体の構造と機能：匂いの学習に関係する中枢……………………　22
　3.6　昆虫の脳内の 3 つの経路：反射，定型的行動パターン，学習行動を
　　　 起こす経路………………………………………………………………………　23

第2部　昆虫脳の研究手法

第4章　なぜ，カイコガを使うのか？　〔神崎亮平・安藤規泰〕　26
- 4.1　カイコガ　26
- 4.2　匂い源の探索行動　27
- 4.3　カイコガの適応能力　30
- 4.4　匂い源探索行動を起こすカイコガの感覚と脳のしくみ　36

第5章　昆虫脳の分析手法　〔並木重宏・櫻井健志〕　45
- 5.1　単一ニューロンの計測　46
- 5.2　多ニューロンの計測　49
- 5.3　分子遺伝学的手法　52

第6章　昆虫脳データベース　〔並木重宏・神崎亮平〕　62
- 6.1　ニューロインフォマティクス　62
- 6.2　昆虫ニューロンデータベース　64
- 6.3　無脊椎動物脳プラットフォーム　65
- 6.4　無脊椎動物脳プラットフォームの利用例　69
- 6.5　昆虫科学を全国に広める：IVB-PF を利用した大学・科学館・高校の連携　74

第7章　脳の計算手法　〔宮本大輔〕　78
- 7.1　脳のモデル化　78
- 7.2　神経細胞・神経回路シミュレータ　83
- 7.3　計算ハードウェア　84

第3部　昆虫脳をつくる

第8章　脳地図作成の概要とソフトウェア
　〔池野英利・岩月知香・神崎亮平〕　90

8.1	脳白地図と脳地図	90
8.2	脳地図作成のためのソフトウェア環境	91
8.3	標準脳（脳白地図）の構築の概要	97
8.4	脳内領域の抽出と標準脳へのレジストレーションの概要	100

第9章　標準脳の作成の実際
〔池野英利・岩月知香・後藤昂彦・宮本大輔・神崎亮平〕　102

9.1	カイコガ標準脳（脳白地図）の構築	103
9.2	セグメンテーションと標準脳へのレジストレーション	111
9.3	SIGEN を用いたニューロンのセグメンテーション	118
9.4	KNEWRiTE を用いたニューロンのセグメンテーション	129
9.5	ニューロンの標準脳へのレジストレーション	135
9.6	ニューロン応答のシミュレーション	140

第10章　昆虫脳シミュレーション〔宮本大輔・加沢知毅〕　145

10.1	神経細胞活動のメカニズム	145
10.2	NEURON	149
10.3	ホジキン-ハクスリー方程式のシミュレーション	153
10.4	ケーブルモデルのシミュレーション	159
10.5	複数コンパートメントモデルでのシミュレーション	163
10.6	コンパートメントメカニズム	166
10.7	神経回路シミュレーション	175
10.8	複雑な形態を含んだ神経回路シミュレーション	185
10.9	試験的なカイコガ脳の前運動中枢シミュレーション	188
10.10	カイコガ全脳シミュレーションとその課題	189
10.11	計算性能というもう1つの大きな壁	192

あとがき〔池野英利〕　195

引用・参考文献　199

索　　引　205

第1部

昆虫脳の基礎知識

第1章
■■■「昆虫の脳をつくる」意味 ■■■

1.1 ヒトの脳をコンピュータでシミュレーションする

　脳は，思考・感情・生命維持のうえで，またさまざまな行動を現すうえで重要な役割を果たしている．しかしそのしくみはまだ深いベールに包まれている．一方で，脳の病気（脳血管疾患）による死亡数は，2016年の厚生労働省の発表ではガン，心疾患，肺炎に次いで4位であり，全体の約8.3%に達している．さらに，脳の機能障害で起こる自閉症や引きこもり，うつ病，認知症などは大きな社会問題ともなり，脳科学に対する社会的な関心と期待が急速に高まってきた．

　このような社会的要請を受け，文部科学省では，『社会に貢献する脳科学』の実現を目指して，2008年度から「脳科学研究戦略推進プログラム」を開始した．このプログラムは，2015年度からは日本医療研究開発機構（Japan Agency for Medical Research and Development：AMED）に引き継がれている．また，2008年度には，理化学研究所の「次世代計算科学研究開発プログラム」において，脳神経系研究開発チームが発足し，日本初の脳神経系シミュレーションのプロジェクトが始まった．これらの詳細は，プロジェクトのホームページに譲るとして，脳科学の推進は，わが国だけの話ではなく，欧米においても国をあげて進められている．

　現在，アメリカや欧州では，ヒトの脳を対象にコンピュータを使って脳を再現しようという研究が展開している．このような大規模な脳のシミュレーションは，2005年にIBMとスイス連邦工科大学が行った「BLUE BRAIN プロジェクト」に端を発している．このプロジェクトでは，げっ歯類の脳を100万個のニューロンに簡約化した形でシミュレーションが行われた．神経信号が脳内を広がる様子がシミュレーションされるなど，一応の成果を得たものの，脳の機能を十分に再現するには至らなかった．しかし，このような研究の展開を受け，2013年より

欧州では「ヒューマンブレインプロジェクト」（2013〜2023年，研究費：12億ユーロ）を立ち上げた．このプロジェクトは，ヒトの脳についてあらゆる科学的知見をすべて1つのスーパーコンピュータに結集して，謎に包まれたヒトの脳のメカニズムを，可能な限り忠実にシミュレートすることを目指している．

一方，米国では，2013年4月2日に，オバマ政権が今後10年をかけ，政府と民間の協力で，ヒトの脳機能をあらゆる面から解明するための国際プロジェクト「ブレイン・イニシアチブ」を立ち上げ，初年度（2014年）に1億ドル（約100億円）を投じると発表した．このプロジェクトは，線虫からショウジョウバエ，ゼブラフィッシュ，マウスと段階的に研究対象となる神経回路をスケールアップすることで最終的にはヒトの脳の解明に迫るものである．そして，脳と人間の行動との関係の解明を目指し，アルツハイマー病や自閉症などの治療法の確立などに役立てたい考えだ．わが国でも欧米のこれらのヒトの脳をターゲットにした大型プロジェクトが火付け役となり，「日本版ブレイン・イニシアチブ」構想が2013年6月6日に文科省より発表され，南米に生息する新世界サルであるマーモセットの詳細な「脳の地図」を作り，ヒトの脳機能を推定するとともに，うつ病などのヒトの脳の病気と関わりそうな神経回路の位置などを特定するという「革新的技術による脳機能ネットワークの全容解明プロジェクト」が前述のAMEDにおいて進められている．

このように日米欧で始まった，脳をコンピュータ上に再現し，その働きをシミュレーションする研究は，およそ130年前にゴルジ（C. Golgi）やカハール（S. Cajal）の神経形態の研究で幕を開けた脳科学に対する，今日までの反省に基づいているように思う．脳科学研究はこれまで，遺伝子からニューロン，神経回路，行動，認知に至るさまざまなレベルから，きわめて優れた研究成果をあげながらも，それを集約し，統合し，階層を超えて考える手立てを持たなかった．さまざまな現象を対象とし，さまざまなレベルで研究が行われてきたにもかかわらず，その成果は分散していたわけである．そこで，これらの脳科学に関する情報を集め，統合し，共有することでそれらをフル活用できるプラットフォームの構築を進めながら，脳の正確なモデルを構築しようというわけだ．同時に欠けている情報はコンピュータシミュレーションで予測しながら埋め，脳のより精密なモデルをつくり，そのはたらきをスーパーコンピュータを使ってシミュレーションしようという計画なのである．

もちろん最終ターゲットはヒトの脳である．しかし，ヒトの脳は1,000億ものニューロンからなり，ニューロンから出た軸索や樹状突起をすべてつなげると，全長100万kmもの長さになるという．ニューロンどうしがつながり，電気信号のやり取りが行われる接続点（シナプス）は，なんと10^{15}（1,000億×10,000）か所にも及ぶ．このような巨大なニューロンのネットワークを電気信号が駆け巡り，私たちの脳は適切に機能しているのである．近年,脳を構築する個々のニューロンに関する情報は飛躍的に増えつつあるものの，その神経回路の複雑さゆえ，このようなプロジェクトは当面，ヒトの脳をコンピュータ上に再現するためのさまざまな手法と情報を提供するプラットフォームの作成が中心になると考えられる．しかし，着実にヒトの脳をコンピュータ上に再現する研究は進んでいる．

1.2 昆虫脳は地球環境標準型

一方で，脳を持つ動物はヒトばかりではない．たくさんのニューロンが集まり神経回路をつくる神経系は，もちろん動物の進化の中で獲得されたものである．神経系が初めて登場するのはクラゲなどの刺胞動物である．その後,ヒトの脳へ，また無脊椎動物の昆虫，そしてイカやタコなどの軟体動物の脳へと3つの進化の道をたどることになる．しかし，神経系をつくるニューロンについては，クラゲであろうと昆虫，イカ・タコであろうと，ヒトであろうとその機能に差はなく，神経回路の基本的なしくみも共通している．ではその違いは何かというと，ニューロンの数である．ヒトの脳は1,000億ものニューロンからできているのに対して，昆虫はその100万分の1の10万個程度である．この脳の複雑さが，ヒト独特の脳のはたらきをつくり出している可能性がある．

しかし，ひとたび地球という環境に目を向ければ，多種多様な生物がさまざまな環境に適応して生息している．地球上には，記載されているだけでも現在約180万種もの生物が生息すると言われており，ヒト（ホモ・サピエンス）はその一種に過ぎない．その中にあって全生物種の5割（100万種）以上を占めるのが昆虫である．昆虫が地球環境に最も適応して繁栄した動物であるとはよく言われることだが，この占有率の高さには驚かされる．昆虫は変化に満ちた環境情報を適切に処理し，巧みに生活を営むことで，種を維持しているわけである．脳をつくるニューロンは共通でありながらも，動物は種によってそれぞれ独自の脳を持つに至ったことは驚異であり，さらには，その脳の5割以上が昆虫タイプの脳に

よって占められることは驚愕に値する．昆虫の脳には多岐にわたる地球環境で巧みに生息，適応するためのノウハウが潜んでいるわけである．まさに昆虫の脳は，地球環境標準型といえる．

1.3　昆虫脳はヒトの脳シミュレーションのテストベッド

　昆虫は脳のサイズが小さく，前述の通りわずかに 10 万個程度，最大で 100 万個のニューロンからなる．しかし，昆虫はヒトに匹敵するような反射，生得的行動，学習行動，情動行動，さらには最近では，ハチが顔認識という高度な能力を持つことも示された．これらの機能がこのわずか 10 万個程度のニューロンによって実現されているのである．さらに，『ファーブル昆虫記』でも紹介された，数 km も離れたところにいるメスを匂いによって探索するオスのオオクジャクガ，障害物を難なく避けながらアクロバティックに飛行するハエ，また，フリッシュ (K. Frisch) により明らかにされた，巣箱から餌のありかまでの距離と方向を太陽の方向を参照して正確にダンス言語によって仲間に伝えるミツバチなど，われわれ人間には想像もつかないような能力が，この微小な脳により実現されている．

　昆虫の脳は，それを構成するニューロンの数が単に少ないだけではなく，個々のニューロンの形やはたらきが特徴的なことから，多くのニューロンに個別の ID をつけて区別することができる．個体が違っても同じ ID を持つニューロンを見つけることができることから，このようなニューロンを「同定ニューロン」という．さらには，このような特徴の違いがそのニューロンに発現する遺伝子の違いによることから，特定のニューロンの遺伝子情報をもとに，その遺伝子が発現するのと同じニューロンに蛍光タンパク質を発現させることで，そのニューロンだけを光らせ，他のニューロンと区別することもできる．同様に，遺伝子操作した特定のニューロンを光刺激することで，活動させたり止めたりコントロールすることができるようにもなった．このような分野は「光遺伝学(オプトジェネティクス，optogenetics)」と言われ，脳研究の重要な研究領域になっている（5.3 節参照）．ただし，昆虫といえどもこのような遺伝子操作が脳研究に適用されている種は今のところ，ショウジョウバエ，カ，そしてカイコガに限定される．しかし，脳を構成するニューロン一つひとつの情報を網羅的に集めることができることは，昆虫脳を研究対象とする大きな理由である．昆虫脳が持つこのような特徴

は，個々のニューロンから脳を再構築していくうえでは欠くことはできない．

昆虫脳研究の方法については後述するが（第 2 部 昆虫脳の研究手法参照），遺伝子レベル，ニューロンレベル，神経回路レベル，さらには脳の出力である行動レベルと異なるスケールで脳を徹底的に分析できることも昆虫脳の重要な特徴で，脳をニューロンから再構築するうえでの必要条件といえる．昆虫脳の再構築は今後，ヒトの脳の再構築の実現に向けたまさにテストベッドと位置づけられる．

1.4 脳のリアルタイムシミュレーションの重要性

脳は環境の情報を処理し，そして身体を動かす．また，動くことによって新しい環境の情報が脳に入力される．脳は脳単体で機能するのではなく，時々刻々と変化する環境に対して身体を介してリアルタイムに対応し，変化することで環境に適応していく．このリアルタイム性は脳が持つ重要な機能である．今後，脳を精密に再現した脳モデルができたとしても，処理にこのリアルタイム性，さらには身体を介した外部情報の入力が実現できなければ，脳が本来持つしくみをつくることも推定することも難しくなる．

では，現在のスーパーコンピュータを使うと，どれくらいの規模のニューロンからなる脳モデルでリアルタイム性の実現が可能だろうか．これに答える 1 つの試算が，「将来の HPCI システムのあり方の調査研究」アプリケーション分野によって行われ，「計算科学ロードマップ（2014 年 3 月）」として報告されている．それを簡略化したのが表 1.1 である．

白書によると，ヒトの脳を構成するニューロン数を 10^{11}（1,000 億）と見積もり，ニューロンの詳細な形を反映させ，ニューロンを連結させた脳モデルを想定し，処理のリアルタイム性を求めると，実に 10^{21} FLOPS もの計算量が必要になるという．FLOPS というのは，単位時間（1 秒間）あたりに実行できる浮動小

表 1.1 ニューロン数とリアルタイム性確保のために必要な計算量の関係

	ヒトの全脳	カイコガ全脳	カイコガ嗅覚系
ニューロン数	10^{11}	10^{5}	10^{4}
必要計算量 （フロップス）	10^{21}	10^{16}	10^{15}

計算科学研究ロードマップ白書．
http://open-supercomputer.org/wp-content/uploads/2012/03/science-roadmap.pdf/

1.4 脳のリアルタイムシミュレーションの重要性

図 1.1 スーパーコンピュータ「京」

数点数演算（実数計算）の回数を表す．現在，わが国で稼働している最速のスーパーコンピュータであるスーパーコンピュータ「京」でも 10^{16} FLOPS であり，それより 5 桁以上大きい計算量が必要となる（2016 年 11 月東大と筑波大が運用する Oakforest-PACS が「京」を抜き国内最速）．この委員会では，2030 年頃には，この計算量に達し，ヒトの脳規模の神経回路モデルでもリアルタイム性が達成されると予測している．もちろんそれに見合うだけの脳モデルができていればの話であるが．

一方で，10 万個程度のニューロンからなる昆虫（カイコガ）の脳であれば，現状の計算量でも，何とかリアルタイム性が確保できる可能性がある．昆虫の嗅覚情報処理に限ればさらにその可能性が増すことを報告している（表 1.1）．

以上からわかるように，昆虫の脳を対象とすることによってニューロンを個別に同定でき，細胞レベルで活動を遺伝子操作できる．これらの特徴を生かすことで，個々のニューロンから精密に脳モデルを構築し，スーパーコンピュータに実装して，脳機能をリアルタイムにシミュレーションできる可能性が初めて生まれることになる．

なお，「京」の後継機となるポスト「京」の開発が 2014 年に始まり，2020 年頃稼働に向けてアプリケーションの開発も進められている．ポスト「京」では，国の基幹技術として国家的に解決を目指す社会的・科学的課題に戦略的に取り組み，わが国の成長に寄与し世界を先導する成果を創出することが期待されている．われわれの昆虫脳の再現に関する研究は，ポスト「京」で重点的に取り組むべき社会的・科学的課題の 4 つの萌芽的課題の 1 つとして採択され，2016 年 8 月より本格始動した．ここでは，昆虫全脳規模となる 10^6 個の神経細胞について，細

胞の形態を考慮した詳細シミュレーションを実時間スケールで行うことになる．

1.5 昆虫脳のリアルタイムシミュレーションを目指して：昆虫脳をつくる意味

2001年から，私たちはカイコガの脳をつくる一つひとつのニューロンの同定作業を続けてきた．カイコガは，文科省がライフサイエンス研究のために選定したモデル生物の1つである．カイコガの脳を構成するニューロンのうち，特に嗅覚に関わるニューロンを中心に約1,600個のニューロンの構造や機能をBoNDというデータベース（6.2節参照）に登録してきた．これらのデータは現在，理化学研究所脳科学総合研究センター神経情報基盤センター（NIJC）との共同研究で進める「無脊椎動物脳プラットフォーム（Invertebrate Brain Platform：IVB-PF）」において，その一部が公開されている（データベースについては，「第6章 昆虫脳データベース」を参照）．筆者らはこのようなデータベースの情報を用いることで，個々のニューロンから精密な脳モデルの構築を進めている．

このような研究が現実味を帯びる背景には，2012年度より運用を開始した上述のスーパーコンピュータ「京」を欠くことはできない．われわれは2008年10月から，「次世代生命体統合シミュレーションソフトウェアの研究開発（ISLiM）」に参加し，カイコガの脳の精密な神経回路モデルをニューロンレベルからつくり，これを「京」に実装して，脳機能をシミュレーションするという，まさに欧米で始まろうとしていたヒトの脳を対象とした研究プロジェクトのテストベッドとなる研究を手がけてきたわけである．

さらには，脳モデルのスーパーコンピュータによる処理結果を使い，自然環境下に設置したロボットを身体として行動させ，その身体が環境から新たに得た感覚情報を脳モデルにフィードバックすることで，環境と脳（スーパーコンピュータ），そして身体（ロボット）が一体となり，リアルタイムで動作するシステムの構築に取り組んでいる．

ヒトの脳を精緻にコンピュータ上に再現するのはまだしばらくは難しい．しかし，昆虫の脳であれば，実現の可能性があるわけだ．われわれのこの試みは，自然が進化により生み出した脳という情報処理装置が，どこまでコンピュータ上に再現されうるかを検証する初めての取り組みである．現在われわれが持ちうる最新の科学技術や方法論を投入して得た生のデータをもとに，脳をどこまでコンピュータ上につくることが可能なのか．そのチャレンジである．

昆虫脳をモデルとして，脳という情報処理装置をコンピュータ上に再現するためのノウハウを確立できれば，それによりさまざまな動物の脳を再現し，比較することで，生物が30数億年の進化の中で獲得した脳という情報処理装置がどのように構築され，進化してきたかを，また多様な動物の脳がなぜそのような形としくみを持ちえたかを明らかにすることができるであろう．ヒトの脳の本質はおそらくはそのような脳の比較から導き出されてくるものと考える．その起点が，まず「昆虫の脳をつくる」ことにあるといえる．

　次章では，「昆虫の脳をつくる」ための基礎的な知識として，脳を作るニューロンの形やはたらきについて紹介しよう．

第2章
■■■ ニューロンの形とはたらき ■■■

　昆虫の脳はわずか10万個程度のニューロンからなり，さまざまな環境の変化に対応できる行動を生み出している．ここでは脳をつくる最も基本となる「ニューロン」の起源，形やはたらきについて見ていこう．

2.1　脳の起源と進化

　生命が誕生したのは，今から約30数億年前のことだ．その後，生物は絶滅や放散を繰り返しながら多様な種が誕生していった．生物はゾウリムシなどの単細胞生物から，カイメンなど細胞どうしがゆるく結合しただけの多細胞動物，ヒドラやクラゲなどの刺胞動物を経て，左右相称の動物へと進化し，複雑化していったと言われる．

　単細胞生物にはもちろんニューロンはないが，ゾウリムシは捕食者に遭遇したり，壁に衝突するとニューロンと同じように細胞膜の電位を変化させ，細胞のまわりの繊毛の動きを反転させ方向転換する．まさに神経系の感覚器，ニューロン，効果器（筋肉）と似たしくみが見られる．

　初期の多細胞動物である海綿動物でも神経系はまだ見られず，個体性も明確ではないが，ヒドラやクラゲなど刺胞動物にまで進化した段階で初めてニューロンが現れ，個体性もはっきりした多細胞動物になる．刺胞動物が持つ神経系は散在神経系といわれる．私たちヒトが持つ集中神経系の起源は，初期の左右相称動物である扁形動物のプラナリアである．この段階で脳の基本となる構造をつくるための遺伝子はすでに揃っており，脳の基本的な設計原理もでき上がっていたと考えられている．その後，前口動物と後口動物に分かれ，前者は昆虫や軟体動物の脳へ，後者はヒトの脳へと進化をたどることとなる（図2.1）（阿形・小泉編, 2007）．

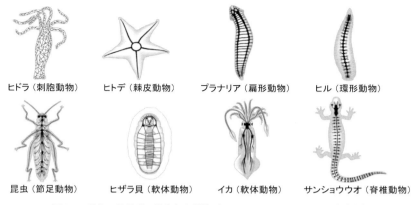

図 2.1　動物の神経系の進化と多様性（Campbell and Reece, 2010 を改変）

2.2　ニューロンの形

　脳は，ニューロンとグリア細胞からできている．グリア細胞は，ニューロンの形を支えるとともに，ニューロンの成長や栄養に関わる物質を分泌する．ニューロンは，脳のはたらきである情報処理にとって中心的な役割を果たす．ニューロンは，「神経細胞」ともいわれ，脳をつくる単位構造である．ニューロンの形や機能には動物間でほとんど違いはない．昆虫は下等だから，高等なヒトとは違った性能のニューロンからできているのではと思うかもしれないが，決してそういうことはない．

　脳をつくる素子であるニューロンは，私たちの身体をつくる細胞（体細胞という）と同じように遺伝子（DNA）をはじめ，細胞内にはエネルギーをつくるミトコンドリアや，タンパク質をつくる小胞体などの器官を持っている．身体をつくる細胞と違う点はニューロンの形だ．

　ニューロンは，核（DNA）が存在する細胞体とそこから出る突起からできている．1本の最も長い突起を軸索，短い複数の突起を樹状突起という（図 2.2）．樹状突起は，他のニューロンからの情報を受け取り，その情報は軸索を通って他のニューロンに伝えられる．細胞体から出る突起が1つのニューロンを単極神経，細胞体の両端から出るものを双極神経，そして多数の樹状突起を持つものを多極神経（図 2.2）という．みなさんが生物の教科書で馴染みがあるのがこの多極神経で，脊椎動物の運動神経がこれにあたる．昆虫では，感覚のセンサにあたる感

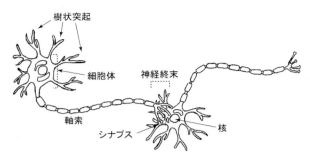

図 2.2 ニューロン形態の模式図 (Campbell and Reece, 2010 を改変)

覚神経が双極神経 (図 4.9 C) で, その他のニューロンのほとんどが単極神経 (図 3.3C, D, 5.2A) である.

ニューロンは 1 つの細胞なのでそれ自体は独立している. ニューロンとニューロンの接続部には, 電気信号をやり取りするための特別な構造がある. この接続部をシナプスという.

2.3 ニューロンのはたらき

ニューロンは, 通常の細胞と同じように細胞膜によって細胞の内外が隔てられ, 細胞膜の内外で電位に差がある. これを膜電位という. ニューロンは信号を伝えない (静止状態) 時, 膜の外側に対して内側は 60 mV から 80 mV マイナスになっている. この膜電位を静止電位という. 膜電位が 0 mV の方向に変化することを脱分極, 逆にさらにマイナスの方向に膜電位が変化することを過分極という. 一方, ニューロンが軸索を介して信号を伝える時に生じる膜電位を活動電位 (図 2.3) という. そして, シナプスで生じる電気信号をシナプス電位 (図 2.4) という.

2.3.1 ニューロンは電気をつくる

ニューロンが膜電位を持つのは, 細胞の内外のイオンの濃度差による. 細胞内外の液中には種々のイオンが存在する. 例えば, ナトリウムイオン (Na^+) や塩化物イオン (Cl^-) は細胞内より細胞外に多く, カリウムイオン (K^+) は逆に細胞内の方が多い. 細胞膜にはたくさんの種類のタンパク質が膜を貫いて存在している. それらのタンパク質の中には, イオンを通すイオンチャネルと言われるタンパク質がある. ある種のイオンチャネルは K^+ だけが選択的に透過する. 膜

2.3 ニューロンのはたらき　　13

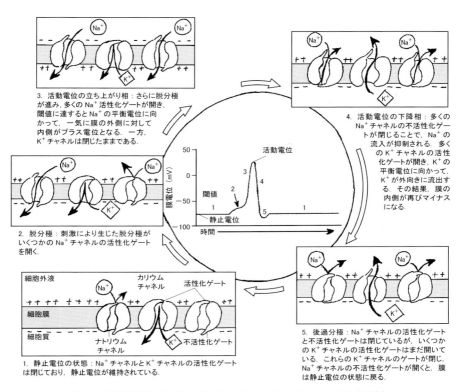

図 2.3　活動電位とその発生のしくみ（Campbell and Reece, 2010 を改変）

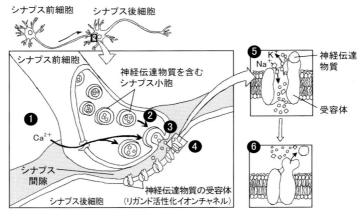

図 2.4　神経終末部のシナプスの構造とシナプス電位の発生のしくみ（Campbell and Reece, 2010 を改変）

電位が0の時，このチャネルの活性化ゲートといわれる仕切りが開くと，細胞内外のK^+の濃度の差により，K^+は細胞内から細胞外に広がろうとする．すると，膜を介して電荷の分離（電位）が生じ，膜の内側にマイナスの電荷が過剰になる．この電位が大きくなると，過剰なマイナスの電荷はプラスに帯電しているK^+を引きつけるため，K^+の細胞外への流出と反対方向の力が生じる．その結果，細胞では膜電位は負の一定の値となって，K^+の膜を介した拡散はなくなる．この時の膜に発生した電位をK^+の平衡電位（$-70\,\mathrm{mV}$程度）という．ニューロンが静止状態の時，膜間を移動している主なイオンはK^+である．その結果，静止電位はK^+の平衡電位に近い値になる．

同様にNa^+チャネルの活性化ゲートが開きNa^+が選択的に膜を横切った場合には，Na^+の細胞内外の濃度の差により，Na^+は細胞外から細胞内に広がる．その結果，膜の外側にマイナスの電荷が過剰になり，電荷はプラスに帯電しているNa^+を引きつける．Na^+の平衡電位（$+50\,\mathrm{mV}$程度）でNa^+の細胞内への流入は止まることになる．

2.3.2 ニューロンの軸索がつくる電気信号：活動電位

軸索上には，Na^+を選択的に通すNa^+チャネルとK^+を選択的に通すK^+チャネルが分布している．両チャネルともに膜の脱分極がある程度大きくなり閾値を超えることで活性化ゲートが一気に開く．Na^+チャネルとK^+チャネルはそれぞれ独立したチャネルだが，Na^+の活性化ゲートが開いてから遅れてK^+の活性化ゲートが開く性質を持っている．また，Na^+チャネルは，K^+チャネルの活性化ゲートが開くタイミングで閉じる不活性化ゲートを持っている．その結果，Na^+チャネルの活性化ゲートは開いていても不活性化ゲートが閉じるので，Na^+はNa^+チャネルを流れなくなる．このように，脱分極によりまずNa^+チャネルが開き，膜電位は静止電位からNa^+の平衡電位（$+50\,\mathrm{mV}$程度）に向かって急激に変化する．しかしわずか1ミリ秒後には，Na^+チャネルの不活性化によりチャネルが閉じ，遅れてK^+チャネルが開く．その結果，Na^+の平衡電位からK^+の平衡電位（$-70\,\mathrm{mV}$程度）に向かって膜電位は変化する．このわずかに1～2ミリ秒で起こる軸索の電位変化を活動電位という．活動電位はその形から，インパルスともスパイクとも言われる．詳しい活動電位の発生のしくみを図2.3に示した．

2.3.3 シナプスがつくる電気信号：シナプス電位

　活動電位は，軸索に沿って伝導して神経終末部まで達すると，シナプスを介して，接続するニューロンに信号を伝達する．シナプスでは，信号を出す側と受け取る側のニューロン間に約 20 nm の隙間（シナプス間隙）がある．信号を出す側をシナプス前細胞，受け取る側をシナプス後細胞という（図 2.2）．この隙間のため，シナプス前細胞からシナプス後細胞への電気信号は直接伝わらない．そのため，送り手からの電気信号はいったん神経伝達物質という化学物質の信号になり，シナプス後細胞で再び電気信号に変換される（図 2.4）．

　神経伝達物質は，ニューロンの軸索の終末部にある小胞という直径 40 nm 程度の小さな袋に一定量が貯蔵されている．終末部にはたくさんの小胞があるが，軸索を伝わってきた活動電位が終末部に達すると，細胞膜は脱分極し，それにより Ca^{2+} チャネルが開口し，カルシウムイオン（Ca^{2+}）が細胞内に流入する（図 2.4 ①）．Ca^{2+} の濃度上昇により起こる細胞内の変化で，小胞は終末の膜に融合し（②），神経伝達物質がシナプス間隙に放出される（③）．

　シナプス後細胞には，この神経伝達物質を受容するタンパク質（受容体）があり，受容体に伝達物質が結合することでイオンチャネルが開口する（④）．例えば Na^+ と K^+ が通るようなチャネルだと脱分極する（⑤）．一方，Cl^- を選択的に通すチャネルが開口すると脱分極は抑制され過分極することになる．神経伝達物質が受容体から離れるとチャネルは閉じる（⑥）．このようなシナプス部で変化する膜電位をシナプス電位という．通常 1 つのニューロンは，異なるニューロンと多数のシナプスをつくる．あるニューロンは脱分極を，他のニューロンは過分極をシナプス後細胞に引き起こす．このようなさまざまなニューロンからの時間的にまた空間的に変化する膜電位がシナプスにおいて統合され，最終的なシナプス電位が決まる．そして，シナプス電位が閾値に達するたびに活動電位がそれに応じて発生することになる．

　ニューロンが活動電位やシナプス電位を発生するこのようなしくみは，ヒトの神経系でも昆虫の神経系でも基本的には共通している．また，神経伝達物質についても，アセチルコリン，γ-アミノ酪酸（GABA），グルタミン酸，ヒスタミン，セロトニン，ドパミンなどヒトと昆虫で共通する化学物質が使われている．神経伝達物質の違いにより，脱分極や過分極が違った経過で起こり，シナプス電位の大きさや形が異なってくる．その結果，活動電位の発生パターンも違ってくる．

脳内ではたくさんのニューロンがシナプスを介して相互に結合して，神経回路を形成する．感覚として入力された信号はこのような神経回路で処理され，最終的には適切な行動が起こるように信号処理が進んでいく．

　このようなニューロンの膜電位や神経回路の応答については，コンピュータを使って再現することができる．ニューロンの活動をシミュレーションするためには，それを数式によって記述する必要がある．これをモデル化という．これまでにいくつかのモデルが提案されているが，その詳細は第7章で紹介する．次章では，昆虫脳を対象にして，ニューロンや脳についてどのようなことがわかってきたかを具体的にみてみよう．

第3章

■■■ 昆虫の感覚・脳・行動 ■■■

　ヒトの脳も昆虫の脳も「ニューロン」という共通の機能素子からできている．ところが脳をつくるニューロンの数が大幅に違っている．次にこのような昆虫の神経系とはどのようなものであり，どのようなはたらきをしているかを紹介しよう．

3.1　昆虫の神経系：頭部・胸部・腹部に分散した神経節

　昆虫の身体は，頭部，胸部，腹部からできている．頭部には，複眼，触角，口があり，胸部には2対の翅と3対の脚がある．また，腹部には交尾器や，昆虫によるが尾葉といわれる風を感知する器官がある．カイコガの神経系のスケッチが図3.1Aである．昆虫の神経系は，身体の腹側を走っている．脊椎動物の神経系は背側を走っており，昆虫とは背腹が逆になっている．

　神経系の所々に丸い塊が観察できるが，神経節といって，たくさんのニューロンが集まり神経回路をつくり，信号のやりとりが行われる場所である．昆虫の神

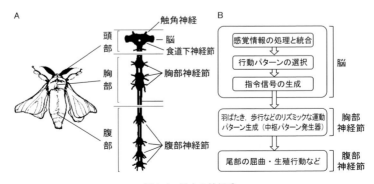

図 3.1　昆虫の神経系
A：カイコガの梯子状神経系の模式図．B：脳と胸部および腹部神経節の役割．

経節は，頭部，胸部，腹部に分散している．頭部の2つの神経節（脳と食道下神経節），胸部の胸部神経節，そして腹部の腹部神経節からなる．それぞれの神経節は左右一対の縦連合で結ばれ，神経系全体が梯子のように見えることから，昆虫の神経系は「梯子状神経系」といわれる．縦連合は，たくさんのニューロンの軸索の束で，神経節間で神経信号を伝える通信線のような役割をしている．

　この神経節の数だが，完全変態の昆虫では成虫の方が幼虫よりも少なくなる．これは蛹の時期に，幼虫期のいくつかの神経節が融合するためで，この時神経回路の配線も入れ替わる．それによって，例えば幼虫期にはほふく運動だったのが，成虫では羽ばたき飛行ができるようになる．

3.2　頭部・胸部・腹部に分散した神経節のはたらき

　昆虫の頭部，胸部，腹部の神経節はそれぞれ独自のはたらきを持っている．頭部の神経節である脳は，触角で捉えた匂い，口部で感じた味，複眼で捉えた画像などの信号を処理（感覚情報の処理）する．さらに，これらの異なる感覚の信号を集めて処理（感覚情報の統合処理）することで，どのような行動を起こすかを決定（行動パターンの選択）する．そして，その信号は脳に続く胸部や腹部の神経節に「行動指令信号」として伝えられ，昆虫が示すさまざまな行動のパターンを引き起こすことになる（図3.1B）．

　頭部にあるもう1つの神経節である食道下神経節は味覚や摂食行動の中枢である．そして，胸部神経節は飛行や歩行などの運動，腹部神経節は消化や呼吸，交尾，産卵などの制御に関わっている．

　昆虫の飛行や歩行の制御に関わる胸部神経節の役割は次のような実験からも簡単に確認できる．頭部と腹部をはさみで切り離して，2対の翅と3対の脚がある胸部だけにする．胸部だけにしても，正常に羽ばたくことがわかる．つまり，胸部の神経節があれば，リズミカルに羽ばたきを起こすことができるわけだ．ただし，起こせるのは左右対称に起こる直進飛行のパターンだけである．歩行についても同様に胸部だけで起きる．羽ばたきや歩行のリズミックなパターンは，胸部神経節にある中枢パターン発生器（CPG）と言われる神経回路によってつくられ，運動神経を介して複数の筋肉に伝えられることで起こる．

　このように，脳に続く神経節は，それぞれが感覚や運動中枢としての役割を果たすわけだが，それぞれの神経節は完全に独立しているわけではなく，神経節か

らの情報は，脳で統合され，脳からの指令によってそれぞれの神経節は協調的に機能する．脳はすべての神経節の目付役としての役割を果たしている．

では，このような昆虫の神経系，なかでも脳の内部はどのような構造になっているだろう．

3.3 昆虫脳はニューロンがつくるモジュール構造からできている

図3.2（口絵1）Aは，カイコガの成虫の脳を顔の正面方向から撮った写真（正面像）である．成虫の脳は，前方から，前大脳，中大脳，そして後大脳の3つに区分けされる．昆虫の頭部には，複眼・単眼，触角，口器があり，これらの器官が捉えた感覚情報は，それぞれ前大脳，中大脳，後大脳へと個別に伝達され，処

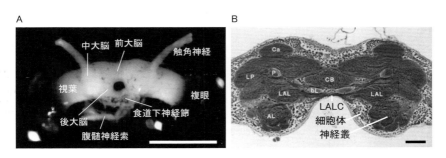

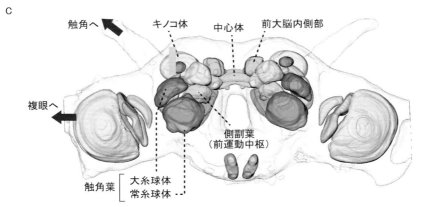

図3.2（口絵1）　オスのカイコガの脳
A：顔正面からみた脳．スケール：1 mm．B：カイコの脳の切片．銀染色によりニューロンを染色した．細胞体は脳の周辺部に，内部にモジュール構造（ニューロパイル）が分布する．スケール：0.1 mm．C：脳内のさまざまなモジュール構造の配置．AL：触角葉，Ca：キノコ体傘部，CB：中心体，LAL：側副葉（前運動中枢），LALC：側副葉横連合，LP：前大脳側部，P：キノコ体柄部，bL：ベータ葉．

理される．さらに，前大脳には，感覚情報の統合処理や記憶学習，行動の決定を行う中枢があり，昆虫の脳の最高次中枢となっている．

ニューロンはその形から，単極，双極，そして多極細胞に分類できることはすでに紹介したが（2.2節），昆虫の脳をつくるニューロンは，図3.3C, Dのような単極細胞がほとんどで，図3.2(**口絵1**)Bからわかるように，それらの細胞体は脳の表層（皮層）に位置し，そこから伸びた神経線維（軸索）や樹状突起が集まって脳内にニューロパイル（神経叢）といわれる構造を形づくる．ニューロパイル内部ではニューロンどうしがシナプスで連結した神経回路によって信号の処理が行われる．ニューロパイルはいわば情報処理の機能的なモジュール（中枢）であり，規模こそ小さいものの，脊椎動物の脳の層，核，領野にあたるといえる．

次に，モジュール構造として明瞭な構造があり，匂いの情報処理に関係する中枢である触角葉とキノコ体について紹介しよう．

3.4 触角葉の構造と機能：匂いの識別機能を持つ中枢

昆虫の鼻にあたる触角には，匂いを感知する嗅覚受容細胞がある（図4.9参照）．嗅覚受容細胞の軸索は触角神経を通って触角葉の糸球体に投射する．嗅覚受容細胞の軸索が束となった触角神経が脳内に入る最初の領域が，中大脳の大部分を占める触角葉である（図3.2, 3.3）．触角葉は匂いの信号を処理する嗅覚中枢で，ヒトの嗅球に匹敵する領域である．昆虫も私たちと同様に花や食物など多くの匂いを区別できるが，哺乳類と昆虫において，匂いを識別する共通のしくみが存在することが，最近の研究でわかってきた．

昆虫の触角葉はブドウの房のようにたくさんの球状の構造物からできている（図3.3A, B）．この球状の塊を糸球体という．糸球体の数は昆虫の種類によっても違うが，数十〜100個程度である．糸球体は，複数のニューロン間で信号のやりとりを行う部位，すなわちシナプスが集中している部位である．

オスのカイコガの糸球体は，1つの大きな糸球体と約60個の小さな糸球体からできている．大きい糸球体は大糸球体と言われ，フェロモンの匂いが処理される．一方，小さな糸球体は常糸球体と言い，食物や花などの一般臭の識別が行われる．大糸球体はオスのみが持ちメスにはない．このように雌雄で形態に差異があることを性的二型という．

触角葉は嗅覚受容細胞以外に，2種類のニューロンからできている．1つは，

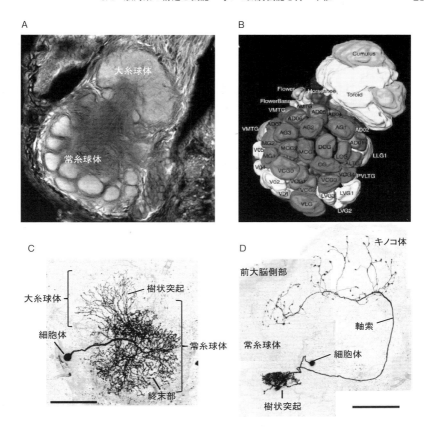

図 3.3 オスのカイコガの触角葉の構造
A：触角葉のスライス画像．B：触角葉の 3 次元再構成像．個々の糸球体に名前がつけられ，個体間で同定できる．C：触角葉をつくる局所介在神経．複数の糸球体で分枝している．D：出力神経．1 つの糸球体で分枝し，軸索を介して上位中枢と結ぶ．スケール：0.1 mm．

図 3.3C のように触角葉内の複数の糸球体に突起を伸ばし連結するニューロンで，突起の広がりは触角葉だけに限られていることから「局所介在神経」という．もう 1 つは，図 3.3D のように 1 つの糸球体で細かく枝分かれして，1 本の長い軸索を出して，触角葉と脳の他の中枢とを結ぶニューロンである．このようなニューロンは，特定の中枢で情報処理された結果を軸索によって異なる中枢に運ぶことから「出力神経」という．また，嗅覚受容細胞は触角葉に情報を運び込むことから「入力神経」ともいう．これら入力神経，局所介在神経，そして出力神経の 3 種類のニューロンが糸球体でシナプスを形成して神経回路を構築し，匂いの識別

などの情報処理を行っている．

触角葉の3次元構造については第9章で実際の画像データをもとにして，コンピュータ上に再構築するので，楽しみにしておいてほしい．

3.5　キノコ体の構造と機能：匂いの学習に関係する中枢

昆虫の前大脳には，キノコのような形をした左右一対のモジュール構造があり，キノコ体という〔図3.2（**口絵1**）C, 図3.4A〕．キノコ体は傘部，柄部，葉部の3つからできている．キノコ体の傘部の上には，ケニオン細胞といわれるニューロンの細胞体が密集している．それらの細胞体から出た線維は傘部で樹状突起を伸ばし，軸索は柄部と葉部を平行に走り束をつくっている（図3.4B, C）．ケニオン細胞はキノコ体の局所介在神経（内因性神経とも言われる）で，昆虫の脳の中では最も小さく，数が多い．カイコガで5,000個，ショウジョウバエで3,000個，ミツバチでは17万個にものぼる．傘部には，触角葉から一般臭の情報を運ぶ出力神経が入り，ケニオン細胞とシナプスをつくっている．ところが，カイコガではメスの匂いであるフェロモン（ボンビコール）の信号を伝達する出力神経は，傘部にはほとんど入らない．キノコ体の傘部は主に植物などの一般臭の匂い情報をケニオン細胞に伝達する場所になっている．一方で，柄部と葉部はキノコ体からの出力部位にあたり，ケニオン細胞からの情報を受け取り，他の脳内の中枢に伝達する出力神経の樹状突起が分布している（図3.4, 3.5）．ゴキブリやミツバチなどのキノコ体は一般臭の情報処理を行うとともに，匂いの学習・記憶に

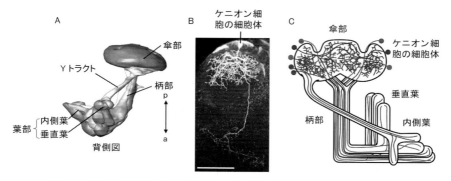

図3.4　カイコガのキノコ体の構造とケニオン細胞（Fukushimaら，2009を改変）
A：キノコ体の構造．B：細胞内染色したケニオン細胞．C：ケニオン細胞のキノコ体での投射．スケール：0.1 mm．

も関与する.

3.6 昆虫の脳内の3つの経路：反射，定型的行動パターン，学習行動を起こす経路

外界の光や音，接触などの物理的な刺激，匂いや味のような化学的な刺激は，まず感覚受容細胞と言われるセンサの役割を果たすニューロンによって，神経信号に変換される．変換された信号は，感覚神経を介して脳内の中枢（モジュール構造）に運ばれ，そこで局所介在神経などがつくる神経回路で処理され，出力神経によってさらに別の中枢に運ばれる．このような処理が複数の中枢を介して繰り返され，最後に前運動中枢といわれるモジュールで行動を指令する信号がつくられる．

昆虫の脳では，信号処理がモジュール構造を介して階層的に行われる．その過程で，行動の開始，終了，行動パターンの選択や決定がなされ，最終的に脳から行動指令信号が胸部以下の神経節に伝達され，適切な行動が起こる．昆虫の脳では，感覚情報を処理し，行動を引き起こす経路として，次のような少なくとも3つの経路が見られる（図3.5）.

①感覚中枢から胸部神経節に直接伝達される反射的な経路（例：ゴキブリの頭部への風刺激に対する逃避行動）

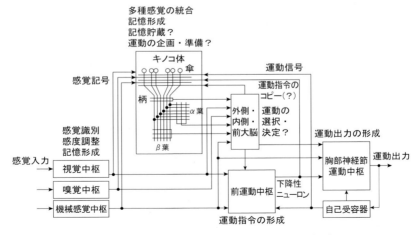

図3.5 昆虫の脳の階層的構造（Okadaら，2003を改変）
昆虫の行動を起こす脳内の神経経路．

②感覚中枢から行動指令信号を形成する前運動中枢を介して定型的な行動パターンを起こす経路（例：カイコガのフェロモン源探索行動（後述））

③感覚中枢からキノコ体を経て，記憶学習により，①，②を修飾する経路（例：ゴキブリ，ミツバチの学習行動）

昆虫では，程度の差こそあれ，このような反射や定型的行動パターン，そして学習行動が見られ，昆虫の脳ではこれらの行動を引き起こす神経回路が共通に存在すると考えられる．種による行動の違いは，昆虫の生息する環境の違いにより，その環境に適応した結果，それぞれの行動の役割の重要度が異なるためと思われる．また，1つの行動だけが単独で現れることはなく，状況や環境に応じて互いに関連しながら適切に機能しているものと思われる．

この3つの階層的なしくみがどのように関連することで，昆虫の行動を引き起こすかは，生物が環境下で適応的な行動，これは「知能」といってもよいと思うが，そのしくみを明らかにする上で，非常に重要である．最近，深層学習を用いた「人工知能」が話題となっているが，昆虫が進化により獲得した，環境という時々刻々と変化する複雑な状況の中で巧みに，知的に問題を解決する手立て，しくみを明らかにすることは，現在の「人工知能」の研究とは対極的に思えるが，「人工知能」をより強固な技術に発展させていくためにもその重要性はますます高まっている．

昆虫を対象に研究を展開する上で，カイコガというガの仲間が重要なターゲットとなっている．第2部では，なぜ，カイコガが優れた研究対象となるかを，その研究の進展の紹介や，昆虫脳を研究する具体的な研究方法からみていこう．

第2部

昆虫脳の研究手法

第4章
■■■ なぜ，カイコガを使うのか？ ■■■

　これまで昆虫の神経系や脳の形やはたらきについて紹介してきた．本書「昆虫の脳をつくる」のモデルはカイコガの脳であり，より具体的にはその脳の情報処理により起こるフェロモン源の探索行動である．そこで，以下では，これまでの知識をもとに，カイコガの匂い源探索行動に焦点を当て，より深く，昆虫の感覚，脳，行動について紹介することにしよう．カイコガが，脳を知るうえで優れた生物であることがおわかりいただけると思う．

4.1 カイコガ

　まずは，「昆虫の脳をつくる」の主役であるこのカイコガについて紹介しよう．カイコガ（図4.1 A）は絹を作るので有名な昆虫である．1970年代頃まではカイコを飼育する養蚕農家は全国にたくさんあったが，今では絹の生産が中国やインドに移ってしまったので，ほとんど見かけることはなくなった．しかし，カイコガは古くから日本で飼育されていたため，さまざまな研究にも使われてきた．現存するカイコガはヒトが維持・保存しているもの以外存在しない．カイコガの系統を体系的に維持・管理している国は日本以外にはなく，わが国固有の遺伝資源であり，世界の財産となっている．カイコガの系統は，文部科学省のナショナルバイオリソースプロジェクト・カイコ（http://silkworm.nbrp.jp/）により，九州大学が拠点機関となり伴野豊教授（農学研究院付属遺伝子資源開発研究センター家蚕遺伝子開発分野）を中心にその維持・保存がなされ，提供も行われている．

　カイコガは，遺伝学，生理学，生化学，病理学などのライフサイエンス研究のモデル生物として活用されてきた．また，最近のカイコガのゲノム解析の進展に伴い，食性の嗜好（選択）性，ウイルスや細菌に対する抵抗性・感受性，休眠など昆虫に特異的な機能に関する解明が進められ，病害虫に対する新しい農薬の創成も期待されている．さらに，これは以降でも詳しく説明するが，カイコガは脳

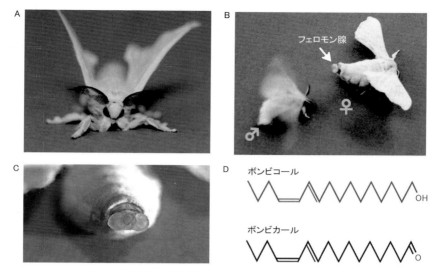

図 4.1 オスカイコガとフェロモン
A：オスカイコガ．B：メスのカイコガに向かって定位するオスのカイコガ．C：メスのフェロモン腺．オスはメスがフェロモン腺から放出するフェロモンによりメスを探索する．D：メスが持つ2種類のフェロモン（ボンビコール，ボンビカール）の化学構造が解明され，合成もされている．主成分であるボンビコールのみでオスの行動は起こる．

機能の研究にも適しており，優れたモデル生物の地位を確立しつつある．

また，カイコガが日本の近代化に果たした意義は大きく，2014年6月には，わが国で最初に設置された製糸場である富岡製糸場と絹産業遺産群が世界遺産に登録されたのはご存知のとおりである．

4.2 匂い源の探索行動

『ファーブル昆虫記』には，オスのオオクジャクガが篭(カゴ)に入れたメスの匂い（フェロモン）に魅了され，数 km もの道のりを飛来して，夜中にそのまわりを乱舞する様子が描かれている．オスはいったいどのようにしてこのような遠距離を，ましてや姿も見えないメスの居所を匂いを頼りに突き止めることができたのだろう．みなさんは，暗闇にどこからともなく漂ってくるよい香りに気づき，そのありかを探した経験を持っているだろう．この時，まず，まわりの匂いをクンクンと何度か嗅いでみたことと思う．こっちの方が濃く匂う，いやこっちだとすでに記憶している匂いとの感じ方を比較し，これを繰り返しながら香りのありかを探

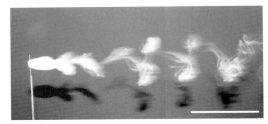 

図 4.2 匂いの空中での分布（神崎，2014 を改変）
匂いは風のある空中では不連続に分布する．匂いのひとかたまりはフィラメントという．フィラメントの密度は匂い源に近づくほど増加する．スケール：10 cm．

したのではないだろうか．残念ながら，このようなやり方では 2, 3 m 離れた匂い源を探すのも難しい．匂い源を探すのは簡単そうに思えるが，これは実に厄介な問題なのである．

　匂いが空中にどのように分布しているかご存知だろうか．匂いは匂い源の近くは濃くて，離れるにつれて薄くなりながら連続的に分布していると考えているのではないだろうか．実は，風が吹く自然の中では，図 4.2 に示すように匂いは不連続に，しかもいくつもの塊（フィラメント）になって浮遊し，その塊の分布は常に変化している．これが匂い源を探すのを難しくしている原因なのだ．

　カイコガのオスはフェロモンの匂いを検知すると激しく羽ばたくが，飛行ではなくて，歩行によってメスを探索する（図 4.1B）．身体が重くて飛行することができないのである．メスがフェロモン腺（図 4.1C）から放出するフェロモンは，ボンビコールとボンビカールの 2 つの成分からできている（図 4.1D）．ボンビコールはボンビカールよりも約 9 倍多く含まれる主成分で，ボンビカールが副成分である．オスの探索行動は主成分のボンビコールだけで完全に引き起こされる．一方，ボンビカールはカイコガの行動を抑制するといわれている．そこで，以降ではフェロモンといえば特にことわりのない限り，この主成分であるボンビコールのことをさすものとする．

　カイコガのフェロモン源を探索する行動の分析から，昆虫は匂いの不連続な分布や，匂い源に近づくほど匂いのフィラメントの密度（濃度といってもよい）が増加する環境情報を巧みに使うことで，匂い源探索の難題を解決していることが明らかになってきた（図 4.2）．図 4.3A にカイコガのオスがフェロモンに反応して示す生得的な行動パターンを示した．カイコガはフェロモンの匂いに遭遇する

図 4.3 オスのカイコガの匂い源探索行動
A：フェロモンにより引き起こされるオスの定型的行動パターン．B：匂いの空中での分布に従い，このプログラム化されたパターンを繰り返すことによって，メスを探索する．

と次のような2つの異なる行動パターンを発現する．

①匂いを受容している間起こる，匂いが来た方向に直進歩行する反射的な行動

②匂いがなくなると起こる，小さなターンから次第に大きくなるジグザグターンとそれに続く回転からなる持続的な歩行

さらに詳しく言うと，①の直進歩行は2つの触角で受容した応答の大きい方，つまり匂い濃度の高い側へ直進する．続いて起こる②のジグザグターンでは，最初のターンは①と同じように匂い濃度の高い方向から始まりジグザグに歩行し，次第に回転する角度を増して，最後には回転となる．注目すべき特徴は，この2つの行動パターンは，匂いを受容するたびに初めから繰り返されることだ．これによって，匂いのフィラメントに頻繁に当たるほど，つまり匂い源に接近するに従って，初めに現れる直進歩行が繰り返され，匂い源に対してまっすぐに進むことになる．逆に，匂い源から離れるにつれ，匂いのフィラメントの分布は少なくなるので，ジグザグターンや回転が組み合わさった複雑な経路をとりながら匂いを探索することになる（図4.3B）．このようにカイコガは，直進とジグザグターン・回転からなる歩行パターンを空中の匂いの分布パターンに応じて繰り返すことで，複雑に変化する匂いの環境下で，匂い源定位に成功していたのである．

一方で，飛行によってパートナーや食物，花などの一般臭に定位する昆虫は，カイコガよりはるかに遠距離の定位が可能なことから，飛行によってより効率的に匂い源に定位するための機能もさらに含まれている可能性もあるが，基本的には，カイコガと共通の戦略を用いていると考えられる．

4.3 カイコガの適応能力

　カイコガは複雑に変化する匂い環境の中で，みごとにメスを探しあてる．このような能力を実現することは，現状のロボットでも難しい．環境への適応は生物の持つ優れた特徴のひとつであり，カイコガも嗅覚だけでなく，視覚など複数の感覚情報を駆使しながら，目的を達成していると考えられる．では，カイコガは想定外の環境に対峙した時，どれくらいの適応能力を実際に持っているのだろうか．その能力はもちろん微小な脳による信号処理に起因することから，適応能力を調べることは脳の機能を知るうえでも非常に重要となる．ここでは筆者らが開発した方法を紹介し，カイコガがいかに優れた適応能力を有しているかをご覧いただこう．

4.3.1 適応能力とは

　例えば新しい職場に移った際に，その環境に適応し効率良く仕事をこなすにはどうしたらよいだろうか．経験の豊富な人であれば，自身の基本的な，信念ともいうべき仕事のスタイルを確立しているだろう．そのため，その仕事のスタイルを崩すことなく幅広い分野で活躍できるのかもしれない．その一方で，予測不可能なことが起きた場合には，臨機応変に実行できる能力も同時に持ち合わせていることだろう．一般に環境への「適応能力」というと，自身の行動を環境に合わせて「変化」させる能力のことを連想するかもしれないが，そのしくみを考えてみると，前者の「変わらないもの」と後者の「変わるもの」の2つを考え，それぞれを評価する必要がある．

　これを本題のカイコガにあてはめてみれば，前節の定型的行動パターン（直進・ジグザグ・回転）は，「変わらないもの」，すなわち長い進化の過程を経て確立したカイコガの基本的な仕事のスタイルに他ならない．この行動パターンを繰り返すことで，匂い分布が断続的であれ連続的であれ匂い源を探しあてることができる．それでは，カイコガの「変わるもの」とは何だろうか．これまでのオスカイコガの行動や神経系の研究結果から，この定型的な行動パターンは2つの感覚情報によって調節されることが明らかになっている．

　1つは匂いセンサである左右の触角で受容するフェロモン濃度の差である．定型行動は"直進"から始まるが，実際には匂い濃度の高い側へ直進し（転向走性），

続いて起こる最初のジグザグターンは同じく匂い濃度の高い方向から始まることが明らかになっている（図4.4A）．このしくみは，メスの近くなど，比較的高頻度にフェロモンを受容できる状況，すなわち行動プログラムのリセットにより直進を繰り返す状況においては，匂いの濃度勾配に従って濃度の高い方向へ指向しメスに定位する上で重要と考えられる（Takasakiら，2012）．

もう1つは視覚情報による経路の補正である．自身が移動すると背景は動きと反対方向に流れるように見える．この背景の流れをオプティックフロー（optic flow）と呼ぶが，これは自身の動きを知るうえで重要な情報となる．昆虫の多くはオプティックフローに対しその移動方向に追従するような行動（視運動反応）を行うことが知られており，例えば風などの外乱によって横滑りした際には，これによって発生するオプティックフローの動きを打ち消す向きにターンすることで経路を修正することができる（図4.4B）．その他にも，1日の日周リズムや明暗，さらには直前のフェロモン受容に対する中枢神経系の「慣れ」が行動発現の閾値そのものを調節することが明らかになっている（Gatellierら，2004）（図4.5）．

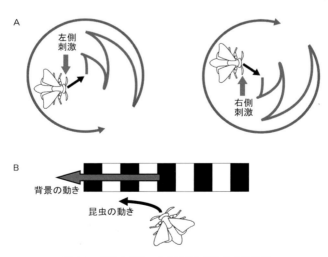

図4.4　直進歩行時の方向決定に関わる感覚情報
A：左右の触角が受容する匂い濃度の違いによる方向決定．濃度の高い方へ（この図では刺激を受けた側へ）直進方向が偏向し，ジグザグターンも同側から始まり，続く回転方向にも影響を与える．B：直進歩行時の視運動反応．背景を動かすと，それを打ち消す向き（動きに追従する向き）に旋回する．

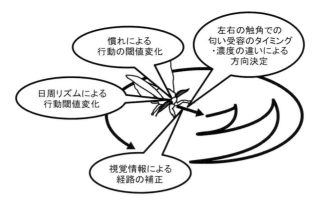

図 4.5 定型的行動パターンを調節するさまざまな要素

　これらの「変わるもの」は，行動そのものに影響を与えることがわかっているが，定位の成功にどれくらいの影響を与えるのだろうか．左右の匂い受容の差や視覚情報の影響の評価であれば，物理的にこれらの受容量を変化させること，例えば触角の切除や複眼の被覆といった手法があげられる．しかし，触角を切除すると受容できる匂い物質の量自体も減少し，複眼を被覆すると暗くなることで活動自体が低下するという課題がある．そればかりか，カイコガは複眼を被覆しても匂い源に定位できてしまうのである．したがって，通常のカイコガの定位行動の観察だけでは，これらの要素がどれほど適応的な効果を持つのかを評価することは難しいのである．逆に言えば，これらの要素を使わざるを得ない状況にカイコガをおくことで，通常の行動実験では調べることのできない適応性の評価が可能になるのである．

4.3.2　昆虫操縦型ロボットによる適応能力の評価

　そこで登場するのが，カイコガがロボットを操縦して実際の環境を動き回る「昆虫操縦型ロボット」である（図 4.6）．このしくみは至ってシンプルで，背中を固定されたオスカイコガは，空気圧で浮上させたボールの上を歩行し，前後左右のボールの回転は光学センサで計測され，ロボットの運動として忠実に再現される．操縦者のカイコガは，自身の触角や複眼で嗅覚，視覚情報を受容し，中枢神経系で情報処理することができるので，この昆虫操縦型ロボットはカイコガのセンサ，プロセッサとロボットの身体を持つ 1 つの生命体とみなすことができる．

当然，フェロモンを与えるとロボットは直進・ジグザグ・回転の一連の定型行動を示し，フェロモンが分布する空間（プルームという）の中に置かれれば，この行動を繰り返してフェロモン源へ定位する．ここでロボットに操作を加えてカイコガが意図しない回転運動を与えると，もしカイコガ自身がこの操作を打ち消すしくみを備えているのであれば，補正を行いながらフェロモン源へ到達するはずである．そしてこの打ち消すしくみこそが，状況に応じて行動を適応的なものに変えるしくみと考えられる．

操作として，片側のモータの回転を反対側の4倍に設定し，カイコガが意図し

図 4.6　昆虫操縦型ロボット（Ando ら，2013 を改変）（スケール：50 mm）

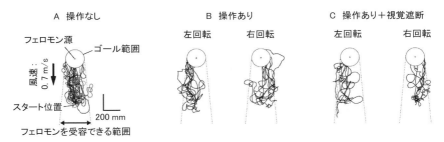

図 4.7　操作に対する昆虫操縦型ロボットの定位軌跡の変化（Ando ら，2013 を改変）
A：操作を加えない状態での匂い源定位．B：左回転，もしくは右回転のバイアスを加えた状態．バイアスの方向に応じて，フェロモン受容範囲の境界付近をたどって定位した．C：左右の回転バイアスに加え視覚を遮断した状態．視覚遮断により定位成功率は下がるが，成功例の軌跡を見るとフェロモン受容範囲の境界をたどる点で B と同様であった．

ない回転運動を生じさせると，ロボットは操作された回転方向（バイアス側）へ偏りつつも，約 80% の成功率で定位し，何も操作を加えない場合（図 4.7A）の 100% に比べてもわずかな減少にとどまった．一方，操縦者のカイコガの視界を遮るように白い紙で周囲を取り囲むと，成功率は著しく減少し約 50% となってしまった．このことから，カイコガは意図しない回転運動に対しても経路を補正して匂い源に定位でき，そしてこの補正には視覚情報，おそらく前述の視運動反応が関わっていると考えられる．

一方，操作されたロボットの定位までの移動軌跡を詳しく観察すると，フェロモン受容範囲（ロボットは左右に配置された吸気ファンで匂いを集めるため，ロボット上のカイコガが匂いを受容できる範囲は，実際のフェロモンプルームより広くなる）のバイアス側の境界付近を移動していることがわかる（図 4.7B）．この軌跡のずれは視野を覆った条件でも同様であったことから（図 4.7C），視覚情報の他に補正に関わっている感覚情報の存在が示唆され，これは左右の触角で受容するフェロモンの濃度差と考えられる．この昆虫操縦型ロボットは，本体前方に相互に 100 mm 離れて配置されたファンから匂いを含んだ空気を吸引して左右の触角にそれぞれ与えるしくみになっており，フェロモン受容範囲の境界付近では，左右の濃度差が大きくなる．バイアス側に旋回したロボットがフェロモン受容範囲の境界に達した時，バイアスと反対側の触角が相対的に高い濃度のフェロモンを受けることになり，プルームへ戻る向きのターンを起こすと考えられる．

また，ロボット上でのカイコガの動きを観察すると，バイアス側へのターンを打ち消す方向へとターンし，さらにこの補償的なターンは遅くとも操作を加えた 1 秒後には始まっていた．このことから，この補償は，学習のような神経系の可塑的な変化による行動変化ではなく，前述の反射的な視運動反応，そして左右の触角の匂い濃度の差に基づく直進方向の決定によるものと考えられる．最近の筆者らの行動実験結果から，視運動反応は定型行動の直進歩行時にのみ起こることが明らかになっており，プログラム行動初期の直進時の方向決定には，時々刻々と変化する環境情報による調節（感覚フィードバックによる調節）が大きな役割を果たしていることが明らかになった（Pansopha ら，2014）．

次に，カイコガの行動と身体であるロボットの運動に遅れを設定してみるとどうなるだろうか．これは，システムの入出力の遅れを設定するものであり，当然前述の感覚情報による補正ができないため，遅れが大きくなるほど移動方向は

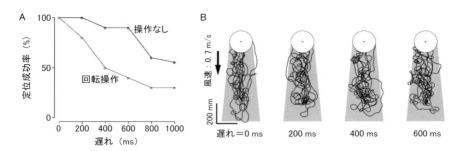

図 4.8 時間遅れに対する成功率と軌跡の変化（Ando ら，2013 を改変）
A：回転バイアスを加えた場合（回転操作）と加えない場合（操作なし）での時間遅れに対する定位成功率の変化．B：「操作なし」条件での時間遅れに対する定位軌跡の変化．灰色の範囲はフェロモンの受容が可能な範囲を表す．

でたらめになる．カイコガの行動に忠実に動作する場合（操作なし）と，前述の回転操作を加えた場合で，遅れを設定した際の定位成功率の変化を示したのが図 4.8 A である．回転操作を加えた場合は，遅れの増加に伴い成功率は大きく減少し，400 ms の遅れで 50% まで低下した．一方，操作を加えない条件では 600 ms の遅れまで 90% を維持し，1000 ms でようやく 50% 台に低下した．成功率の変化やロボットの運動を詳細に解析すると，回転操作を加えた条件では遅れが 200 ms より大きくなるとロボットの運動が有意に変化し定位が難しくなることがわかった．これが前述の感覚フィードバックによる調節が可能な時間遅れの限界（正確にはロボット自身の遅れが加算されるため最大 400 ms と推定される）と考えられる．一方，操作を加えない条件では，遅れが増加するほどでたらめな方向へ運動するものの，フェロモン受容範囲の境界付近で回転することで受容範囲内へ戻ることが多く（図 4.8B），時間はかかるものの最終的に定位し，これが比較的高い定位成功率につながっていることがわかった．このことは，「変わらない」要素である直進・ジグザグ・回転という定型的行動パターンそのものが，「変わる」要素である感覚フィードバックによる直進方向の制御より，環境情報の時間的な不確かさに対し頑強であることを示す．

もちろん，ロボットのサイズなど実際の昆虫とはスケールが異なることから，この実験結果をそのまま自然な状態のカイコガのしくみと同一とみなすのは拙速かもしれない．例えば左右のフェロモンの濃度差について言えば，カイコガの左右の触角の幅と羽ばたきによる空気流の発生で，どれくらいの左右の濃度差が得られ，実際の方向決定に寄与するのか今後検証する必要があろう．

以上のように，自然界ではまずあり得ない状況に昆虫を置くことで，通常の行動実験では難しい感覚フィードバックによる定型行動の調節，そしてそれが匂い源への定位という行動の目的に対し適応的な効果を持つことが明らかになった．「適応能力」というのは，適応的にふるまう（仕事をこなす）ことのできる能力である．仕事をさせてその結果を評価することなしに，その人の適応能力を評価することは難しい．単に感覚刺激を与えて行動変化を観察する従来手法に比べ，移動ロボットを用いてフェロモン源定位という仕事をさせるこの実験手法は，行動変化がどれくらい仕事の達成に貢献しているのか，すなわち適応的に機能しているかを評価できるという点で非常に有効である．

4.4 匂い源探索行動を起こすカイコガの感覚と脳のしくみ

以上のようにカイコガが匂い源探索の優れた能力とともに，カイコガ自身が脳の命令に従って正しく動いていないと判断された場合，それを瞬時に補償する能力のあることもわかった．このようなしくみは，まさにカイコガの脳の中に潜んでいる．われわれはカイコガの匂い源探索行動をターゲットに，感覚器から脳，そして行動に至る一連のしくみを遺伝子からニューロン，神経回路，行動そしてロボットと異なるアプローチにより総合的に研究を展開してきた．以下ではこのような研究により明らかになってきたカイコガの匂い源探索行動のしくみを紹介しよう．

4.4.1 カイコガのフェロモンを検知する嗅覚センサ

カイコガの行動を起こすフェロモンの主成分（ボンビコール）は，触角にある毛状感覚子（図4.9A, B）の中に納められた嗅覚受容細胞で検知される（図4.9C）．この嗅覚受容細胞は，ボンビコールに特異的に反応し，ボンビコール受容細胞ともいう．ボンビコール専用のセンサが準備されているわけだ．

毛状感覚子は，長さが0.1 mmほどの細いクチクラの毛で，表面に小さな穴（嗅孔）が開いており（図4.9B），その穴を通してフェロモン分子は内部のボンビコール受容細胞に結合する（図4.9C）．ボンビコール受容細胞の膜の表面には，ボンビコールに特異的に結合してNa^+やCa^{2+}が流れる受容体（チャネル）があり，ボンビコールが結合することにより脱分極が起こり，活動電位を発生する．フェロモンのもう1つの成分であるボンビカールはやはりそれに特異的に反応する受

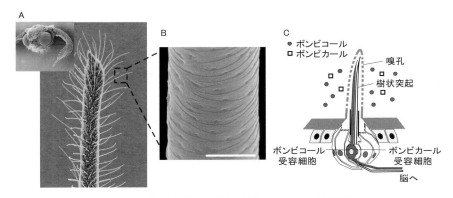

図 4.9 カイコガの触角の毛状感覚子とフェロモン受容細胞
A：オスカイコガの触角の櫛の拡大写真．毛状感覚子が密集しているのがわかる．B：毛状感覚子の拡大写真．表面に嗅孔といわれる穴がある．スケール：1μm．A, B は岩崎雅行氏（福岡大学）より提供．C：毛状感覚子の模式図．内部にボンビコールとボンビカールに特異的に反応する嗅覚受容細胞が1対ある．

容細胞がボンビコール受容細胞とペアになって毛状感覚子に納められている（図4.9C）．

片方の触角には約 17,000 本の毛状感覚子があり，フェロモン（ボンビコール）に反応した 17,000 個の嗅覚受容細胞の活動は，触角神経を介して脳内の嗅覚中枢である触角葉の大糸球体に伝達される．一方，餌や花などの一般臭は，触角にある毛状感覚子とは異なる感覚子によって受容され，その信号は触角葉の常糸球体に伝達される（図 3.3 参照）．

4.4.2 匂い源探索行動を起こす脳内の神経経路

図 4.10 に脳内に入力されたフェロモンの神経信号が処理される中枢（モジュール構造）とその経路を示した．触角で受容されたフェロモンの神経信号は脳内の嗅覚中枢である触角葉の大糸球体に伝達され，さらにいくつかの中枢を経て，最終的に側副葉（前運動中枢）まで伝達される（図 4.10C）．前運動中枢でさまざまな行動を起こすための行動指令信号がつくられ，脳から下降性神経によって胸部以下の神経節に伝達される．カイコガでは，フェロモンの刺激で示す直進・ジグザグ・回転からなる特徴的な歩行パターンを起こすための行動指令信号が前運動中枢でつくられる．以下では，脳内でフェロモン情報がどのような神経経路を経て伝わっていくかをより具体的に見ていこう．

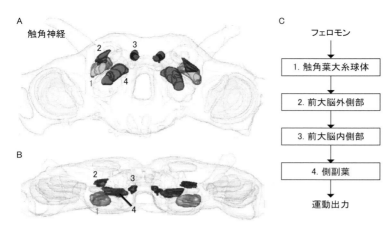

図 4.10 カイコガの脳内のフェロモン情報経路（Namiki ら，2014 を改変）
A は脳を正面から，B は上方からみた模式図．C：フェロモン情報は，触角葉の大糸球体 (1) から，高次中枢である前大脳の領域 (2, 3) を経由して側副葉（前運動中枢）(4) に至る．

触角で受容されたフェロモンの信号は，まず脳内の嗅覚中枢である触角葉に伝達される．触角葉の構造（3.4 節参照）はすでに説明したので繰り返しになるが，触角葉では，嗅覚受容細胞（入力神経），局所介在神経，そして出力神経が主に神経回路をつくる．これらのニューロンがシナプスをつくる場所が糸球体である．そして糸球体は 1 つの大きな大糸球体と 60 個ほどの小型の常糸球体からできている（図 3.3A, B）．

触角からのフェロモンの神経信号は，この大糸球体のみに伝達される．大糸球体では，フェロモンに対する感度が調整され，フェロモンの濃度の変化を強調するような処理が行われる．一方，一般臭は常糸球体で処理され，匂いの識別が行われる．フェロモンと一般臭は触角で検知される受容細胞が異なり，触角葉でも異なる糸球体で処理される．さらには，触角葉から上位中枢である前大脳に伝達される経路も投射領域も違っている．このようにフェロモンと一般臭の信号は，受容器の段階から，脳での処理経路も明確に区別されている．

左右の触角から入力されたそれぞれのフェロモン情報は，前大脳で統合され，フェロモンの方向性が検出される．さらにその後，視覚情報と統合される．そして，これらのフェロモン情報は，行動指令信号を生成する前運動中枢に収束していくことになる．

ここで注意しておきたいのは，フェロモンと一般臭では受容から処理に関わる

中枢も異なっていたわけだが，実は匂い源を探索する行動戦略は，フェロモンを探索する場合でも一般臭を探索する場合でも同様な点だ．これはフェロモンと一般臭の処理経路が最終的には共通の行動指令信号を作る前運動中枢の神経回路を駆動することを意味している．途中までの経路の違いは，一般臭では匂い識別であったり，あるいは匂いの記憶などの過程を介して，前運動中枢に信号が伝達されるのに対して，フェロモンでは複雑な匂い識別を必要としないのと，記憶と関連するキノコ体を迂回して前運動中枢に伝達されるという違いによると思われる（図 3.5 参照）．

4.4.3　フェロモン源探索の行動指令信号：フリップフロップ応答

　前運動中枢の役割を果たすモジュール構造は，側副葉（LAL）とその周辺のニューロパイル（VPC）である．図 4.10 や図 3.2（**口絵 1**）に示したの脳内のモジュール構造の配置を見てほしい．脳の中央に食道が通る穴があるが，その左右にある直径 150 ミクロンほどの球形のモジュール構造が前運動中枢だ．ここから胸部に信号を伝達するニューロン（下降性神経という）が明らかになっている（図 4.11B）．まさに行動指令信号を運ぶ出力神経である．

　これらの下降性神経から触角をフェロモンで刺激した時の神経応答を計ると，特徴的な信号が記録できる．その応答の一例を図 4.11A に示した．フェロモンを触角で検知するたびに，興奮と抑制の 2 つの状態を繰り返すのだ．いったん興奮すると，この興奮状態がしばらく続く．そして興奮状態の時に，再びフェロモン刺激を受けると，今度は反対に興奮がおさまり，その状態が続く．さらに次の

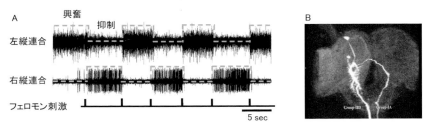

図 4.11　フェロモン源探索行動の行動指令信号
A：フリップフロップ応答（Kanzaki ら，1994 を改変）．B：フリップフロップ応答を脳から胸部神経節に伝達する下降性神経．A の応答パターンは電子回路の記憶素子であるフリップフロップと類似の動作特性（点線）を持っている．この応答が指令信号として脳内の前運動中枢で形成され，下降性神経を介して胸部神経節に伝達され，匂い源探索行動が起こる．

刺激でまた興奮状態になるという反応を示す．このような神経応答はコンピュータでは記憶素子として使われる「フリップフロップ」の特性とよく似ている．そこでこのような応答は「フリップフロップ応答」と呼ばれている．昆虫の脳の中には，フェロモンの刺激によってコンピュータの記憶素子と同じような振る舞いをする信号をつくる神経回路が存在することになるわけだ．

　カイコガは，フェロモンの刺激によって，刺激を受けている間は，直進歩行，刺激がなくなるとジグザグターンや回転歩行を示す（図4.3）．これまでの研究から，このフリップフロップ応答は，刺激がなくなった時に起こるジグザグターンや回転歩行の行動指令信号になっていると考えられている．さらには，フェロモンの刺激を受けている間に起こる直進歩行は，フェロモンの刺激の直後に一瞬だけ興奮して，活動電位の数が増加するまた別の下降性神経によって引き起こされると考えられている．

　そこで，このような2種類の信号によってカイコガの匂い源探索が指令されていることを証明するために，この2種類の信号によって動くロボットを作製した．ロボットが身体となった「サイボーグ昆虫」である．このサイボーグ昆虫が実際の環境下で匂い源を探索できれば，それを証明できることになる．このサイボーグ昆虫は倉林大輔教授（東京工業大学）との共同研究により作製した．

4.4.4　脳信号で匂い源を探索するロボット：サイボーグ昆虫

　カイコガ（昆虫）の脳と胸部神経節は縦連合という，左右2本の太い神経の束でつながっている（図4.12）．フリップフロップ応答などの神経信号はここを通じて胸部に送られているが，この神経束には左右それぞれ200本以上の神経線維が走っているため，目的とする行動指令信号だけを選んで計測することは容易ではない．

　ところが，フリップフロップ応答と一過的な神経応答を運ぶ下降性神経は，カイコガの頸を動かす運動神経につながり，行動指令信号のまさに「コピー」を伝達していることがわかっている（図4.12）．フェロモンによって直進歩行・ジグザグターン・回転を行う時，ターンや回転方向と同じ方向にカイコガは頸を振る．方向を変える時のタイミングも一致している．つまり，頸の振りはカイコガがどちらの方向にターンや回転しているかの指標になるのだ．実際に，頸の振りを起こす筋肉をコントロールする頸運動神経の活動とフリップフロップ応答を同時に

4.4 匂い源探索行動を起こすカイコガの感覚と脳のしくみ

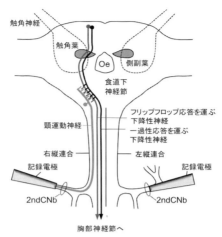

図 4.12 カイコガの匂い源探索行動を指令する 2 種類の下降性神経の模式図
フリップフロップ応答と一過的な興奮応答を運ぶ下降性神経は，頸運動神経に情報を伝達する．左右の頸運動神経から吸引電極を用いた細胞外記録法によって神経信号を同時に計測し，この信号でロボットを制御する（5.2.1 項，図 5.4 参照）．

記録したところ，頸運動神経はフリップフロップ応答と一過的な応答の 2 種類が合わさった応答を示すことがわかった．また，フリップフロップ応答と同じタイミングで興奮や抑制が切り替わることもわかった．さらには，この頸運動神経とフリップフロップ応答を示す下降性神経，一過的応答を示す下降性神経を同時に染色することにより，それらの下降性神経が頸運動神経と接していることも形態的に示された．

そこで，同様の応答を示す頸運動神経を 4 本含む神経束である 2nd CNb といわれる神経束から神経活動を計測し，その信号により移動ロボットを制御した．

・サイボーグ昆虫

カイコガは 4 枚の翅を持つが身体が重くて飛ぶことができず，6 本の脚によって匂い源探索を行う．また，カイコガは真横に移動するような歩行を行うことはなく，左右に曲がる時は頸や腹を含む身体全体を旋回する方向に大きく曲げて，車両のように進行方向を変える．そこで，カイコガの身体を行動指令信号で動く差動二輪のロボットに置き換えた．これを「脳-機械融合システム（通称：サイボー

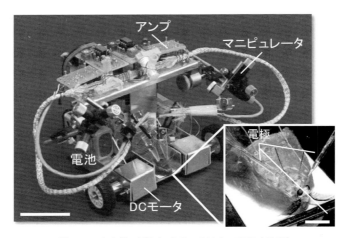

図 4.13 サイボーグ昆虫（Minegishi ら，2012 を改変）
中央のチャンバーに解剖したカイコガを設置し，計測される神経信号によって自律走行を行う．左図スケール：50 mm，右下図スケール：10 mm.

グ昆虫）」と呼んでいる（図 4.13）．差動二輪車の前面中央部に，解剖したカイコガを置くための場所をつくり，カイコガの胸部に相当する部分が車軸上に位置するようにした．カイコガは羽ばたきによって，前方の空気を触角に吸引する．これは私たちが鼻をクンクンさせて匂いを鼻腔に吸引するのと同じだ．この羽ばたきによって起こる空気の流れを再現できるように，カイコガを置いたうしろには円形の穴をあけ，電動ファンを置いて，羽ばたきで起こるのと同じ流量で前方の空気を取り込めるようにした．ロボットの本体は，スイス連邦工科大学ローザンヌ校で開発された教育用の小型自律ロボットである e-puck を改造した．カイコガは仰向けに固定して解剖し，腹部・脚・翅を除去した上で頸運動神経を含む神経束（2nd CNb）を露出させた．匂いセンサである触角と，視覚センサである複眼はもとのままにした．

　カイコガの脳から出力される行動指令信号である活動電位は，左右の頸運動神経（2nd CNb）からガラス吸引電極で吸引して計測した（5.2.1 項，図 5.4 参照）．行動指令信号は活動電位の発火頻度にコードされていると考えられるので，一定時間ごとの発火回数（発火頻度）により左右の車輪の回転速度を制御した．神経活動と歩行活動の対応関係は，神経活動の計測と同時に歩行様態を計測できれば明らかにできるが，実現には計測が困難なことから，頸の運動と歩行パターンを

仲介として，行動指令信号と頸の運動，頸の運動と歩行，をそれぞれ計測してモデル化し，行動指令信号から行動出力を導き出すことにした．左右の頸運動神経の活動度（活動電位の発火頻度）の合計がロボットの前進速度に比例し，左右の活動度の差が角速度に比例するようにした．ロボットは左右の頸運動神経の活動度に応じて前進とターンをすることになるわけだ．

作製したサイボーグ昆虫を用いて，カイコガが発現する行動が再現されるか，フェロモン源への定位が達成されるか，について検証した．初めに，サイボーグ昆虫の触角をフェロモンで 1 回瞬間的に刺激したところ，通常のカイコガと同様に図 4.3 で示したような直進歩行・ジグザグターン・回転からなる定型的な歩行パターンを発現することが確認できた．さらに，風洞内の風上にフェロモン源を配置し，そこから 600 mm 下流側にサイボーグ昆虫を置いたところ，匂い源探索を始め，約 70% の率で匂い源に到達した．この条件では，通常のカイコガであれば，ほぼ 100% がフェロモン源へ到達可能であるが，解剖技術上の制約を考慮すると，構築したサイボーグ昆虫自体の能力としてカイコガの持つ定位能力を再現していると考えてよいだろう．

さらに，昆虫操縦型ロボット（図 4.6）でも紹介したが，ロボットの強制的な操作（この場合，左右のゲインを非対称に変えた場合）に対しても，カイコガはロボットの動きを補正し，匂い源を探索した（図 4.7）．同様の操作をサイボーグ昆虫でも行ってみた．カイコガの周囲を縦縞模様の壁で囲い，その中でサイボーグ昆虫を強制的に回転させ，その時の左右の頸運動神経の発火頻度を観測した．その結果，強制回転を行わない場合，左右の発火頻度に差は見られなかったが，強制回転させた場合，この回転に抵抗する側の発火頻度が増加し，反対側は抑制された．また，その活動レベルは，強制回転時の角速度に対応して増減した．これらのことから，カイコガは自身の姿勢を安定化するためのフィードバックをかけながら歩行していることが推測され，昆虫操縦型ロボットと同様の結果が得られたことになる．

このようにして，フリップフロップ応答や一過的な興奮応答が，匂い源探索時の行動指令信号として機能している証拠が得られたのである．脳の信号と行動との関係—この場合は匂い源探索行動だが—を実際の環境下で，ロボットを使って検証した世界で初めての例となった．

これまでに述べてきたように，脳機能を解明し動物がいかにして変化する環境

下で優れた行動を発揮するか，その脳のしくみを解明するモデルとしてカイコガを例に紹介してきた．脳機能を解明していくうえで，ニューロンレベルの電気生理学的実験を通してその構造や機能を明らかにするのは重要である．それに加え，カイコガではゲノムがすでに解読されているので，遺伝子操作技術を脳機能解明に利用できるという利点がある．この技術はまだショウジョウバエには劣るものの，ニューロンのサイズがショウジョウバエに比べて大きく，ニューロン一つひとつの電気的応答も計測しやすいという利点を持つ（5.1節参照）．個々のニューロンを同定でき，遺伝子操作技術（5.3節参照）を併用して研究を進めることができるのは，分析手法を考えると大きなメリットである．次章ではこのような昆虫の脳を分析する手法についてみていこう．

第5章
■■■ 昆虫脳の分析手法 ■■■

　前章では，昆虫のニューロンや脳について見てきた．感覚や脳の機能を分析するためには，その形を見たり，その機能を計測しなければならない．しかし，神経系を作るニューロンは，サイズが小さく，細胞体で5～30ミクロン，樹状突起や軸索では直径はわずかに数ミクロン以下となる．このようなニューロンの応答計測，そしてその3次元的な形はどのようにして調べることができるのだろうか．脳はニューロンからできているが，個々のニューロンは，遺伝情報や脳内の環境の働きによって形成され，集まって神経回路をつくり，さらに，触角葉やキノコ体，視葉などの機能的なモジュールがつくられる．それらが集まって脳ができ，その情報処理により行動が解発される．このような脳のしくみを調べるといっても，遺伝子，ニューロン，神経回路，行動と複雑な階層的構造があることから，計測手法もこれらの階層に合わせた手法が開発されてきた．本章では，昆虫の脳をさまざまな階層から分析するための方法について見ていこう．

　ニューロンは，受容器からの感覚入力ないしは他のニューロンからの入力を統合し，その総和がある閾値を超えた場合に活動電位を発生する（発火）．入力を受ける部位を樹状突起，出力を担当する領域を軸索と呼ぶ（図2.2）．活動電位は軸索を伝導し，神経終末において神経伝達物質を放出し，他のニューロンに信号が伝達される．発火のための閾値を超えない電位変化は，軸索を伝導する途中で減衰し，通常他のニューロンに伝達されない．したがって，神経系の情報処理の過程において，ニューロンの発火の有無が重要となる．

　「電気生理学」といわれる手法では，活動電位（図2.3）およびシナプス電位（図2.4）などの電位を計測することができる．電極を用いてニューロンの電位を計測する手法は，電極をニューロンの内部に刺入する細胞内記録法と，電極をニューロンの外側に配置する細胞外記録法に分けられる．細胞内記録法には鋭利なガラス電極を用いる微小電極法と，先端径が比較的大きなガラス電極を用いる

パッチクランプ法がある．一方で，種々の物質の量に依存して蛍光などの性質を変化させるプローブを用いて物質の濃度変化を知ることで，間接的に神経活動を計測できるイメージング法などがある．さらに遺伝子組換え技術を利用した脳の解析が可能となり，生きた状態で特定のニューロンの構造や機能を分析したり，さらには特定のニューロンの機能を人為的に制御する技術が開発されつつある．

　ここでは，これまで筆者らがカイコガを対象として適用してきた計測手法を中心に紹介する．電気生理学的手法として，単一の細胞からの計測手法である，微小電極法，パッチクランプ法について，また多数のニューロンの応答を計測する多点同時計測法やイメージング法について述べる．そして，分子遺伝学的手法では，遺伝子操作による特定ニューロンの色づけを行いマーキングする方法や応答計測法について紹介する．これらの手法は，昆虫の脳を構成するニューロンの詳細な構造や機能，さらに本書のテーマである「昆虫の脳をつくる」ための最も基本的なデータを得るものである．

5.1 単一ニューロンの計測

　ガラス微小電極によって，単一細胞の活動を計測し，計測後に標識を行うことにより，脳においてどのようなニューロンがどのような役割を持つか，調べることができる（図 5.1）．特に昆虫をはじめ，無脊椎動物の神経系は，個体が異なってもきわめてよく似た性質が保存されている「同定ニューロン」で構成されており，単一細胞記録の実験データから神経回路全体の機能を推定するアプローチが有効となる．

5.1.1 細胞内記録

　ガラス微小電極をニューロンに刺入することにより，活動電位とシナプス電位

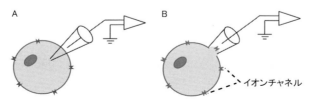

図 5.1　単一ニューロンの計測手法（Unal ら 2014 を改変）
A：ガラス微小電極法．B：パッチクランプ法の模式図を示す．

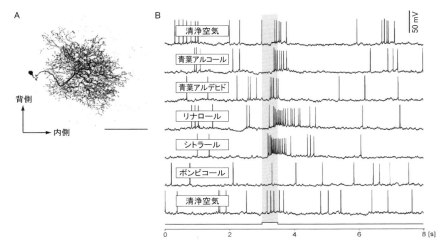

図 5.2 ガラス微小電極による単一ニューロンの分析
A：細胞内染色の例．ガラス微小電極内の蛍光色素を細胞内に注入した．スケール：100 μm．B：細胞内記録の例．ガラス微小電極には電解質を満たしてあり，脳の外側に配置した参照電極との電位差の時間変化を示す．さまざまな匂いに対する応答を計測した．匂いを与えた期間（500 ミリ秒）を灰色で示す．匂いの種類により活動電位の頻度が異なるのがわかる．

を計測できる．ガラス微小電極法は，電極の先端径が小さいため，細胞内液と電極内液の還流が少なく，ニューロンに与える影響が小さいという利点がある．中空のガラス管を熱して引くことにより，先端が 1 μm 以下のガラス微小電極を作製して使用する．ガラス微小電極には，電解質の溶液が満たしてあり，細胞外に配置した参照電極との間に生じる電位差を計測する．微小電極法を利用して，ニューロンの膜特性や外部刺激・運動に対応したニューロンの応答性などを調べることができる（図 5.1A，図 5.2）．

細胞膜の電気的特性を調べるために，ニューロンに刺入した微小電極を通して通電を行うことで，膜電位を変化させる．これは，オームの法則から電流と電圧から抵抗（膜の特徴）がわかるのと同じだ．段階的な通電によって，電位の時間変化を観察し，注目する現象の電位依存性を調べることができる．この特徴から，細胞膜にどのようなイオンチャネルが存在するのかを知ることができる．膜電位を計測している状態で，何らかの感覚刺激を与え，これに対応する活動電位発生の有無やシナプス電位を観察することで，注目しているニューロンのはたらきを知ることができる．また，何らかの運動出力の情報と神経活動との関係を調べることで，ニューロンの運動機能への役割を知ることができる．

5.1.2 パッチクランプ法

　パッチクランプ法は，微小電極法と異なり，比較的広径のガラスピペットと細胞を高抵抗で接着し（ギガシールという），膜を横切る電流や電圧を計測する（図5.1B）．ニューロンの膜に存在するチャネルの種類や性質を調べることができ，長期間の安定した計測や，微弱な信号の計測が可能となった．昆虫の脳研究では，1980年から2000年代にかけて，微小電極法を用いて多くのニューロンが同定され，感覚情報を処理する脳内の経路，それぞれの領域の機能的役割が，徐々に明らかになってきたが，微小電極法では，小型の細胞やサイズの小さい昆虫では安定した計測は困難であった．これらの課題を克服しうるパッチクランプ法は，脳を頭部から取り出した単離標本を中心に実施されてきたが，2004年にそれまで困難とされていたモデル生物のショウジョウバエの生体まるごとの標本（$in\ vivo$標本）においてパッチクランプ法の手技が確立され，現在では広く用いられるようになっている．カイコガでもパッチクランプ記録法の実施に成功し，キノコ体の細胞種別の電気生理学的特性の分析が行われている（図5.3）．この方法は微小電極では困難であった，複数のニューロンからの応答を同時に計測することによるシナプスの接続関係の解析などの研究に有効である．

　細胞内記録法の多くは，動物を実験装置に固定した状態で行われる．これまでにも比較的大型の昆虫において飛翔時や歩行時の神経活動の計測が行われてきたが，近年ショウジョウバエなど小型の昆虫においても，パッチクランプ法を用い

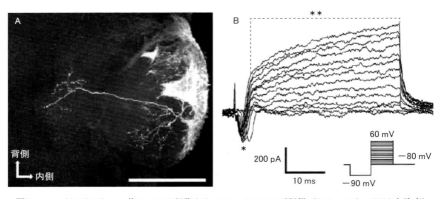

図5.3　カイコガのキノコ体ケニヨン細胞からのパッチクランプ記録（Tabuchiら，2012を改変）
A：記録されたケニヨン細胞の構造．スケール：100 μm．B：ケニヨン細胞の応答．異なるステップで電位を固定し（下），その際の神経細胞への入力電流（上）を計測している．早い内向き電流（*）と遅い外向き電流（**）が存在することがわかる．

て，行動中の単一細胞からの計測が可能になってきている．標的とするニューロンが分子遺伝学的手法（後述）により標識された系統を用いれば，視認下で細胞体に電極を近づけることで，注目するニューロンから計測することができる．

5.1.3 単一ニューロンの形態観察

微小電極法やパッチクランプ法など，ガラス微小電極を用いた手法では，計測後に電極内の色素をニューロンに注入することでニューロンを標識し，形態を観察することができる．一般的には，電極内にあらかじめ電荷を持つ蛍光色素を詰めておき，計測後に電流を流すことで細胞内に注入する方法がとられる．また色素が電荷を持たない場合には，電極に圧力をかけることで色素を細胞内に導入する場合もある．

標識されたニューロンの観察には，共焦点レーザ走査型顕微鏡がよく用いられる．共焦点顕微鏡の原理は，1957年にミンスキー（M. Minsky）によって考案された．レーザを光源として注目する焦点を照明し，焦点からの光が再び集光する位置に小さな穴（ピンホール）を設けている．このしくみによって，注目する焦点面以外からの光が検出器に結像されるのを防ぎ，高い空間分解能を実現している．通常，一度に検出できるのは一点からの光で，電流で駆動される2つの小さな鏡（ガルバノミラー）を用いて，XY方向を走査（スキャン）する．また，試料を載せたステージを機械的に上下させることにより，Z方向のスキャンを行う．現在ではスキャンにはさまざまな手段が取り入れられている．この手法により，ニューロンの精密な3次元構造が得られるので個々のニューロンから脳を再構築するうえで必要不可欠な技術となっている（図5.3A．共焦点写真）．

5.2 多ニューロンの計測

5.2.1 細胞外多点記録

細胞外記録法では，金属電極などをニューロンの近傍に配置し，活動電位の発生に伴う電位の変化を検出できる．細胞外の計測によって得られるニューロンの信号を，細胞内記録法による信号と区別してユニットと呼ぶ．昆虫では，細胞内記録法に先行して1960年代から用いられてきた．最近では，ガラス微小電極を用いた細胞外記録法も行われている．この手法は傍細胞記録法と呼ばれ，ガラス電極の内部を細胞外液に近い組成の電解質で満たし，計測後に交流電流を流して

色素を計測したニューロンに注入することにより，記録した細胞を染色することができる利点がある．細胞外記録法では小さな細胞に電極をとどめておく必要がないので，長期間の安定した計測が可能となるため，多点での計測に現在広く用いられている．

電極を格子状に多く並べた多点電極を用いることで多数のニューロンから同時に計測を行うことができる．多点電極として，主に金属線を撚って作製されるテトロードと，半導体技術を用いてパターニングされたシリコンプローブがよく用いられる．例えばミシガン大学のチームが作製したシリコンプローブでは，電極が 25 μm 間隔で配置されており，複数のニューロンからの活動電位が同時に計測でき，信号の大きさと形から，個々のユニットの活動電位を分離することができる．この技術はスパイクソーティングと言われる．計測後，クラスタリングなどの統計分類を用いて，各電極から計測される信号の成分分離を行う．細胞外多点同時計測法は，集団としてのニューロンの活動を効果的に捉えることができる．また，微小電極法と比較して機械的な振動の影響を受けにくく，長期間安定した計測が可能であるため，昆虫が学習している時の神経活動の計測などを比較的簡便に実施できる．最近ではプローブの表裏両方への電極の配置や，プローブを多層化することにより，さらなる計測の大規模化が図られている．

昆虫の脳からの出力信号は神経束を形成しており，ここから記録を行うことで，特定の神経細胞群からの記録を行うことが可能である．脳から出る神経束を切断し，この断端を径の大きいガラス管で吸引することにより，含まれるすべての神経細胞の電位変化を記録する．これは「吸引電極法」ともいわれる（図 5.4）．前述のサイボーグ昆虫は，カイコガの頸運動神経の活動によって制御したが，その計測は，この吸引電極法により行った．複数の頸運動神経が含まれる 2 ndCNb という神経束を切断し，その断端をガラス微小電極で吸引して活動を計測した（図 4.12）．計測された活動電位の大きさから個々の運動神経を分離することもできる．毎回同一のグループから再現性よく計測でき，また長期間の安定した計測に適することからサイボーグ昆虫にも活用されたわけである．

5.2.2　膜電位イメージング法

膜上に存在し，細胞膜電位の変化によって蛍光を変化させる色素を膜電位感受性色素と呼ぶ．膜電位イメージングはこの色素で脳を染色することによって行わ

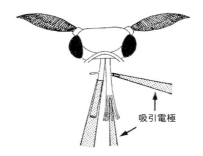

図 5.4 カイコガ神経束からの吸引電極による細胞外記録の方法（図 4.12 参照）

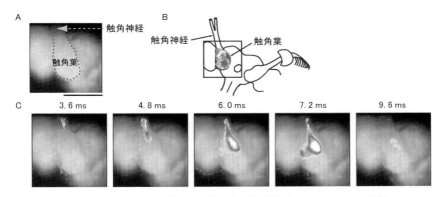

図 5.5 触角神経の電気刺激による触角葉の膜電位変化（Ai ら，2004 を改変）
A：計測を行った場所．スケール：500 μm．触角葉の位置を破線で示す．B：脳全体の模式図．C：触角神経を電気刺激した後の触角葉の膜電位変化の様子．明るさの変化は，信号の変化を表す．

れる．シグナルは後述するカルシウムイメージング法よりも小さいが，膜電位イメージング法は神経細胞の電気的活動を直接観察することができるという利点がある．図 5.5 にカイコガ嗅覚中枢である触角葉で取得されたデータの一例を示す．下段 C は 1.2 ミリ秒ごとの神経活動を示す．このように神経活動が触角葉内を伝播していく様子を高速で分析することができる．

5.2.3 カルシウムイメージング法

細胞内のカルシウム濃度に応じて蛍光の強さを変化させる物質（蛍光プローブ）を用いることで，間接的に細胞の活動状態を知ることができる．カルシウムは，細胞にとって重要なイオンであり，神経活動ともしばしば相関する．この手法は，膜電位を直接観察するわけではないが，活動電位の発生に伴うカルシウム濃度の

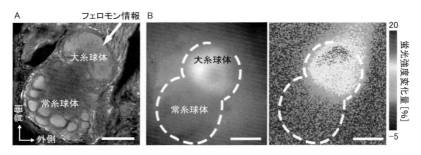

図 5.6（口絵 2） カルシウムイメージング法によるカイコガ触角葉フェロモン応答の可視化
（Fujiwara ら, 2014 を改変）
A：触角葉の断層画像. 共焦点顕微鏡により取得. 触角で受容されたフェロモン情報は大糸球体に入力する. B：触角葉で見られる GCaMP の蛍光（左）. 右図にはフェロモン刺激前後の蛍光の変化を疑似カラーで示している. 大糸球体で蛍光の大きさが増加しているのがわかる. 常糸球体では応答は見られない. スケール：100 μm.

変化（図 2.4 参照）を観察することで，間接的に電気活動をモニタする方法として近年盛んに用いられている.

カイコガでは，カルシウムイメージング法を用いて触角葉のニューロンの匂い応答特性が分析されている. 図 5.6（**口絵 2**）は，GCaMP という蛍光プローブを遺伝子工学の技術により，フェロモン（ボンビコール）の匂いのみに反応する嗅覚受容細胞（ボンビコール受容細胞：図 4.9C 参照）に発現させたオスカイコガを用いて，触角へのフェロモン刺激に対する触角葉の応答をカルシウムイメージングしたものである. フェロモンの処理を行う大糸球体領域のみが反応していることがわかる.

さらに，カルシウムイメージングとパッチクランプ法の同時適用によって，細胞体からの信号は，活動電位の発生と対応し，樹状突起からの信号はニューロンへの入力を反映することや，匂いの入力を増大させると，樹状突起では応答性が増大するが，細胞体においては応答性が減少することなどの特性が明らかになった. 異なる濃度に対するニューロンの細胞体と樹状突起での応答性の違いから，触角葉の神経回路における局所的な抑制機構の存在も明らかにされた.

5.3 分子遺伝学的手法

「昆虫の脳をつくる」ためには，神経回路の構造と機能を明らかにするのに加えて，特定の神経回路の機能が環境適応的な行動発現にどのように寄与している

のか，すなわち神経回路と行動発現との関係を明らかにすることも重要である．近年，遺伝子組換え技術の利用により，生きた状態で特定のニューロンの構造や機能を分析したり，さらには特定のニューロンの機能を人為的に制御する技術が開発されてきている．

遺伝子組換え技術は，生物の持つゲノム DNA 中に人為的に遺伝子（DNA）を導入する技術である．遺伝子組換え技術を利用した昆虫脳の分析は，近年まで，キイロショウジョウバエ（*Drosophila melanogaster*）の独壇場であったが，2000 年に農業生物資源研究所（現 国立研究開発法人 農業・食品産業技術総合研究機構）の田村俊樹博士らによりカイコガで遺伝子組換え作出法が確立され，脳神経系の研究にこの技術を適用することが可能になってきた．さらに，2008 年には，カイコガのゲノムプロジェクトが完了し，全ゲノム配列がほぼ解読されたことで，遺伝子配列や後述する遺伝子プロモーターの推定が容易になり，遺伝子組換え技術の有用性がより高まっている．

また，ゲノム DNA 中の特定の部位を選択的に改変できるゲノム編集技術の利用により，特定の遺伝子の機能を欠損させたカイコガを作出し，遺伝子と行動の関係を調べることも比較的容易になってきている．

5.3.1　遺伝子組換えで何ができるか

遺伝子組換えカイコガを利用した分析において重要になるのが，標的とするニューロン（群）で，どのような機能を持った組換え遺伝子を発現させるのか，という点である．ここでは，まず代表的な導入遺伝子とそれらの機能を紹介し，その後それらの遺伝子を研究対象とする神経回路で選択的に発現させる方法について示そう．

遺伝子組換えにより導入する遺伝子は，細胞の機能には影響を与えず形態や活動を調べるためのレポーター遺伝子と，細胞の機能を阻害したり改変したりするためのエフェクター遺伝子の 2 種類に分類される．以下に代表的なレポーター遺伝子（a, b）とエフェクター遺伝子（c）についてまとめよう．

a. ニューロンの形態解析

緑色蛍光タンパク質（green fluorescent protein：GFP）をはじめ，さまざまな蛍光波長（蛍光色）のタンパク質の遺伝子が利用可能となっている．この GFP の発見が，2008 年の下村脩博士のノーベル賞の受賞につながったことは記

憶に新しい．GFPの遺伝子を特定のニューロンに発現させることでその形態を調べることができる．また蛍光タンパク質遺伝子に膜結合シグナル配列などを付加した，細胞内局在性蛍光タンパク質も開発されている．これにより細胞内のさまざまな器官（ゴルジ体，核，ミトコンドリア，葉緑体など）を特異的に標識できるようになった．さらには光照射により蛍光色を実験者が変えることのできる蛍光タンパク質も開発されており，蛍光タンパク質を発現する複数の細胞から単一の細胞を選択してその形態を分析できるようになった．

b. ニューロンの活動計測

カルシウムイオンと結合すると蛍光強度が上昇するような改変が加えられた蛍光タンパク質が知られている．ニューロンが活動すると細胞外から細胞内へカルシウムイオンが流入するため，光学的手法によりこのタンパク質の蛍光強度変化を記録することでニューロンの活動を計測することができる．カイコガではGCaMPと呼ばれるカルシウム感受性蛍光タンパク質の機能が確認されている．図5.6（**口絵2**）にGCaMPを発現させたボンビコール受容細胞の応答を示した．ボンビコールの匂い刺激によって大糸球体で蛍光強度が変化しているのがわかるだろう．

c. ニューロンの活動制御

青色光によって開く陽イオンチャネルであるチャネルロドプシン-2（ChR2）をニューロンに発現させることで，青色光の刺激でそのニューロンを活性化させることができる．逆に，黄色光によって活動する塩化物イオンポンプであるハロロドプシンを発現させたニューロンは，黄色の光で活動を抑えることができる．これらを組み合わせることで神経活動を人為的に制御できることになる．このような手法は「光遺伝学（オプトジェネティクス，Optogenetics）」と呼ばれ，脳内のニューロンや神経回路のはたらきを明らかにするうえで重要な技術となっている．

5.3.2　遺伝子プロモーターを利用した特定のニューロン標識法

つづいて，このようなレポーター遺伝子やエフェクター遺伝子を標的とするニューロンで発現させるための方法について説明しよう．ゲノム上の遺伝子は，必要に応じてメッセンジャーRNAに転写され，タンパク質に翻訳されその機能をはたす．通常，個々の遺伝子は，その機能が必要とされるタイミングに所定

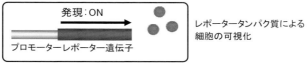

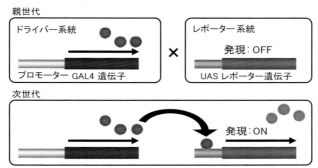

図 5.7 遺伝子組換えカイコガのレポーター遺伝子(エフェクター遺伝子も同様)の発現調節方法の模式図
A:プロモーター/レポーターシステムでは,レポーター遺伝子はプロモーター配列の下流に直接つなげられる.レポーター遺伝子の発現はプロモーター配列により直接制御される.B:GAL4-UAS システムでは,レポーター遺伝子の発現は酵母転写因子である GAL4 とその認識配列 UAS を介して制御される.

の細胞で発現するように制御されている.このような時間空間的な遺伝子発現は,各遺伝子のごく近傍にある「プロモーター」と呼ばれる領域によって制御される.そのため特定の神経回路で人為的に遺伝子を発現させたい時には,標的とするニューロン群で特異的に発現することがわかっている遺伝子のプロモーター領域に発現させたい遺伝子の配列をつないだ組換え遺伝子を導入すればよい(図 5.7A).

5.3.3 GAL4-UAS 法による遺伝子発現調節法

このプロモーターによる遺伝子発現調節法の発展型として酵母由来の転写因子である GAL4 とその標的配列である UAS(upstream activation sequence)を組み合わせた GAL4-UAS システムがキイロショウジョウバエなどのモデル生物で広範に使われている.このシステムでは,プロモーター配列のうしろに GAL4 遺伝子配列をつないだ組換え遺伝子を持つ GAL4 系統と UAS のうしろにレポー

ター遺伝子もしくはエフェクター遺伝子をつないだ組み換え遺伝子を持つ UAS 系統を別個に作出することになる（図5.7B）．両者を交配して得られた次世代の個体は GAL4 と UAS 両方の組換え遺伝子を持つため，プロモーターの働く細胞で発現した GAL4 が UAS に結合し，レポーター遺伝子が発現する（図5.7B）．GAL4-UAS システムの利点の1つとして，組換え遺伝子の発現特異性を決定する GAL4 系統と，レポーター遺伝子を発現する UAS 系統が別の系統として分離されていることだ．すなわち，UAS 下流に異なる遺伝子をつないだ系統を交配に用いることで，1回の交配実験により簡便にさまざまなレポーター遺伝子やエフェクター遺伝子を同じ細胞で再現的に発現できるわけだ．

カイコガでは2003年に今村守一博士らにより，GAL4-UAS システムが体組織で正常に機能することが報告された．筆者らは，GAL4-UAS システムが脳神経系で正しく機能することを検証するために，ニューロンから分泌される2種類の

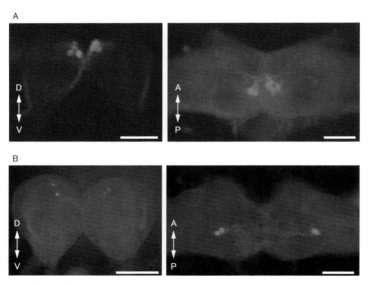

図5.8（口絵3） GAL4/UAS システムを用いた神経ペプチド分泌細胞の特異的標識（Yamagata ら，2008 を改変）
A：bombyxin のプロモーターを用いた標識例．bombyxin-GAL4/UAS-GFP 系統の幼虫（左），成虫（右）の脳において少数の細胞が GFP 蛍光で標識されているのがわかる．B：前胸腺刺激ホルモン（PTTH）プロモーターを用いた標識例．PTTH-GAL4/UAS-GFP 系統の幼虫（左），成虫（右）の脳において少数の細胞が GFP 蛍光で標識されているのがわかる．D：dorsal（背側），V：ventral（腹側），A：anterior（前方），P：posterior（後方）．スケール：200 μm．

神経ペプチドホルモンであるbombyxinと前胸腺刺激ホルモン（PTTH）のプロモーター配列の下流にGAL4を持つ遺伝子組換え系統をそれぞれ作出した．これらの系統とUAS-GFP系統の交配で得られた次世代の個体では，図5.8(**口絵3**)のように神経ペプチドホルモンを分泌する細胞（神経ペプチド分泌細胞）で特異的にGFP蛍光が観察された．この結果から，カイコガ脳の特定のニューロンを可視化するためにGAL4-UASシステムが有用であることを示すことに初めて成功したのだ．

5.3.4　エンハンサートラップ法

これまで述べたように，遺伝子プロモーターを利用した方法を用いることで，特定の遺伝子が発現するニューロン（群）で外来遺伝子を発現させることが可能になった．一方で，通常1つの遺伝子は異なる機能を持つニューロンで発現しており，遺伝子とニューロンの機能が完全に対応するケースは少ない．そのため，遺伝子プロモーターによる方法では，所望の発現パターンを示す系統の作出が困難な場合がある．この欠点を補うためには，プロモーターとは異なる遺伝子発現の制御機構である「エンハンサー」の活性の違いを利用したエンハンサートラップ法が有効となる．

エンハンサーとは遺伝子配列の遠方に存在しながら，遺伝子プロモーターに作用しその活性を調節することで，遺伝子発現パターンを調節するDNA配列のことである．活性が弱いプロモーターを用いて組換え遺伝子の発現を行うと，挿入された組換え遺伝子の周囲に存在するエンハンサーの影響を強く受ける．すなわち，ゲノム中のさまざまな領域に同じ組換え遺伝子を持つ系統を作出すると，それぞれの系統の組換え遺伝子の周囲にあるエンハンサーが異なるため，系統ごとに異なるパターンで遺伝子が発現するようになる．この手法を使うことで，プロモーターだけを利用した方法と比べはるかに多様なパターンのニューロン群で人為的に遺伝子を発現させることができる．

カイコガにおけるエンハンサートラップ法の基本的なしくみはすでに開発されている．カイコガを含め生物の細胞の構造はアクチンと言われるタンパク質によって維持され，どの細胞もアクチンを持っている．そこでこのアクチンの構成遺伝子のプロモーターを用いたエンハンサートラップ系統のデータベース化が進められている．また，カイコガは絹糸をつくるがそのタンパク質の遺伝子のプロ

モーターを用いたエンハンサートラップ系統についてもデータベース化が進められている．そのデータベースは，Bombyx Trap Data Base http://sgp.dna.affrc.go.jp/ETDB/index.html で参照できる．

一方で，この手法では組換え遺伝子のゲノム挿入位置がランダムに決まるため，実験者があらかじめ発現パターンをデザインすることが困難である．そのため，より多くの数の系統を作出し，その中から自分の目的に合致した発現パターンを示す系統を選抜することが必要になる．カイコガは飼育や系統維持に比較的労力がかかるため，キイロショウジョウバエのエンハンサートラップのように数千系統を維持することは現実的でない．そのため，筆者らは神経系に特化した分析のために，脳神経系だけで発現する遺伝子のプロモーターを用いた神経系特異的エンハンサートラップ系の構築を進めている．

5.3.5 遺伝子組換えカイコガを利用した研究の実際

それでは，最後にこれまでに述べた方法を用いて実際にカイコガのオスのフェロモンに対する定位行動発現の匂い選択性を決定するしくみを解明した研究について紹介しよう．カイコガのオスはメスの放出するフェロモン（ボンビコール）の匂いを嗅ぐとフェロモン源への定位行動を発現する（図4.3参照）．フェロモン源定位行動を引き起こす匂いはボンビコールだけであり，フェロモン副成分であるボンビカールはボンビコールによって引き起こされる定位行動を抑制する効果があると言われている．オスの触角上にはメスの放出するフェロモン受容に特化した毛状感覚子と呼ばれる感覚器が1本の触角あたり約17,000本存在している（図4.9参照）．個々の感覚子の内部には，ボンビコールとボンビカールにそれぞれ選択的に反応を示す一対のフェロモン受容細胞が入っており，それぞれの受容細胞ではボンビコール受容体BmOR1とボンビカール受容体BmOR3が特異的に発現している．そのため，フェロモン成分の識別は受容体の匂い選択性によって達成されており，定位行動発現の匂い選択性はBmOR1の匂い選択性によって決定されることが推測されるわけだ．

そこでこの仮説を実証するために，ボンビコールの受容体遺伝子BmOR1のプロモーター配列を用いてGAL4-UASシステムにより，本来カイコガのオスが反応をしないコナガ（*Plutella xylostella*）の性フェロモン成分（Z)-11-hexadecenal（Z11-16：Ald）の特異的受容体PxOR1をボンビコール受容細

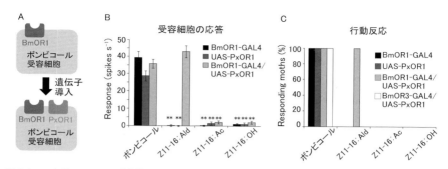

図 5.9 コナガフェロモン受容体 PxOR1 導入によるフェロモン応答性の改変（Sakurai ら，2011 を改変）A：BmOR1 のプロモーターにより GAL4 を発現する系統（BmOR1-GAL4）と UAS 下流で PxOR1 を発現する系統（UAS-PxOR1）を作出し，それらの交配により，BmOR1 発現細胞で PxOR1 を発現する系統を作出した（BmOR1-GAL4/UAS-PxOR1）．B：PxOR1 を発現するボンビコール受容細胞は PxOR1 の特異的リガンドである Z11-16：Ald に電気応答を示した（**$p<0.01$, Scheffé's F test）．C：PxOR1 を発現するオスカイコガは Z11-16：Ald に特異的にフェロモン源定位行動を発現した．ボンビカール受容細胞で PxOR1 を発現しても Z11-16：Ald に対して行動は全く発現しない（BmOR3-GAL4/UAS-PxOR1）．Z11-16：Ac および Z11-16：OH は，Z11-16：Ald と構造が類似しているが，PxOR1 と反応をしない匂い物質．

で発現する遺伝子組換えカイコガを作出した．その結果，この系統のボンビコール受容細胞はボンビコールに加え，コナガのフェロモン（Z11-16：Ald）に対しても反応を示したのだ．さらに，本系統のオスは Z11-16：Ald 刺激やコナガのメスに対してフェロモン源定位行動を示すことが明らかになった（図 5.9）．また，PxOR1 を発現したボンビコール受容細胞の脳への投射パターンは通常のカイコガと同じだった．

これらの結果から，ボンビコール受容細胞の匂い選択性は発現する受容体がどの匂いに反応するかというリガンド特異性によって決定すること，そしてボンビコール受容細胞の神経興奮がカイコガのフェロモン源探索行動の発現に十分であることが示された．すなわち，カイコガのオスがボンビコールだけに行動を起こすのは，BmOR1 がボンビコールだけを選択的に認識しボンビコール受容細胞に神経興奮を起こすためであることが初めて証明されたのだ．

遺伝子組換え技術のフェロモン情報処理への適用例をもう１つあげてみよう．フェロモンを含む嗅覚情報処理の分析における大きな技術的問題点の１つとして匂い刺激の制御がきわめて困難であり，実験者が感覚入力を厳密に制御できないことがあげられる．そのため，触角への刺激を精密に制御し，受容細胞の活動を厳密に制御する技術開発が要求されていた．われわれは遺伝子組換え技術を利用

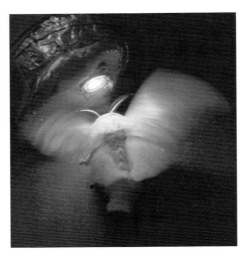

図 5.10(口絵 4) チャネルロドプシンをボンビコール受容細胞に発現させたオスカイコガは，光により，フェロモンで起こる匂い源探索行動を起こす．(Tabuchi ら, 2013)

して，GAL4-UAS システムにより，光により開口するイオンチャネルであるチャネルロドプシン-2（ChR2）をボンビコール受容細胞で特異的に発現する系統の作出に成功した（図 5.10；**口絵 4**）．このカイコガのボンビコール受容細胞はボンビコールだけでなく，光刺激に対しても神経興奮を起こし，その活動は単一の活動電位レベルで制御可能であることがわかった．さらに，光刺激はボンビコール刺激と同様にフェロモン源定位行動を誘発した．これにより，フェロモン刺激を時間空間的にきわめて厳密に制御可能な光刺激で代替した実験系の構築が可能となり，フェロモン情報処理機構を入力から定量的に検証することが可能となっている．

　以上，遺伝子組換え技術を利用したカイコガ脳の分析方法の現状を紹介した．遺伝子プロモーターを利用して，特定の神経細胞群の構造や機能さらにはフェロモン源定位行動発現における機能を分析するためのツールは整備されている．これらのツールを用いたデータや他の手法によるデータを統合して，「昆虫の脳がつくられる」につれてコンピュータ上につくられた神経回路を対象としたシミュレーション環境が構築されるだろう．そうなった時にシミュレーションの妥当性を生体で検証するための手法として，特定の神経細胞の活動を自由自在に制御で

きる技術は非常に重要となってくることが考えられる．光感受性イオンチャネルなどの神経活動を制御するためのエフェクター遺伝子をさまざまな神経細胞群で発現する系統の作出や，そのためのさらなる技術開発が今後の課題としてあげられる．

　本章で紹介してきたように電気生理学さらには遺伝子操作技術を駆使することにより，昆虫（カイコガ）の脳を構成するニューロンの形や機能の情報が大量に集まりつつある．このような情報を有効に活用するためには，実験データを集積し，情報化・共有化を進めることが必要となる．そのような背景のもと，神経科学と情報科学を融合した「ニューロインフォマティクス」といわれる分野が誕生した．次章では，昆虫脳科学における実験データを集積，情報化・共有化のためのデータベース，そしてニューロインフォマティクスについて紹介することにする．

第6章
昆虫脳データベース

6.1 ニューロインフォマティクス

　近年，世界規模で脳研究に関する実験データを集積し，情報化・共有化を進める機運が高まっている．このような神経科学と情報科学を融合した分野は，「ニューロインフォマティクス」といわれる新しい学問分野を形成しつつある．ニューロインフォマティクスは，脳のシステム的理解を目指して，多様で膨大なデータを総合的に分析・解析・統合する，脳神経科学と情報科学・技術の新しい分野である．脳科学に関する知識の統合・共有・継承を目的としている．

　このような背景の中，1996年に経済協力開発機構（Organisation for Economic Co-operation and Development：OECD）により，OECD Mega Science Forum Neuroinformatics ワーキンググループが発足し，2005年8月には，同分野の国際協力と神経科学の成果を社会に還元するための国際機関としてニューロインフォマティクス国際統合機構（International Neuroinformatics Coordinating Facility：INCF）がスウェーデンのカロリンスカ研究所に設立された．現在，日本を含め18か国が参加している．INCFとの連絡を担当する国内拠点は，2005年に文部科学省の要請により理化学研究所脳科学総合研究センター内の神経情報基盤センター（Neuroinformatics Japan Center：NIJC：臼井支朗前センター長）に設置され，研究成果を公開・共有する日本ノード（J-Node）ポータルサイトを開設している（http://www.neuroinf.jp/）．このサイト上には視覚研究に関わる情報を収集・公開する「Visiome プラットフォーム」や，小脳研究に関わる「小脳プラットフォーム」，そして筆者らが運用する「無脊椎動物脳プラットフォーム」（6.3節で詳述する）など，現在13の脳科学に関するプラットフォームが整備され，山口陽子センター長のもと運営されている（図6.1，図6.4）．

　動物は進化の過程でさまざまな種に分化し，さまざまな感覚や脳のしくみを獲得

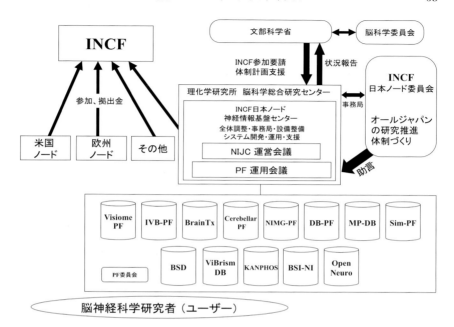

図 6.1 ニューロインフォマティクス国際統合機構 (INCF) 日本ノードの組織図
INCF 日本ノードには，無脊椎動物脳プラットフォームをはじめ 13 の脳科学に関する PF（プラットホーム）が運用されている．2017 年 5 月現在．PF には，開発計画中のものを含む．詳細は http://www.neuroinf.jp/ を参照．

してきた．したがって，動物の感覚や脳，さらには行動の違いや共通点を動物種間，また異なる環境に生息する動物間で比較することは，そのしくみを明らかにするばかりではなく，さまざまな環境に生物がどのようにして適応して，多様性を獲得したかを紐解くためにも必須であり，生物学における強力な手法の1つである．無脊椎動物，特に昆虫は顕著な多様性を示すため，この方法にとって至適な研究対象となる．この際，多様な形質に対して，比較を行うためには，極力形式を揃えてそれぞれの動物における実験を記述しなければならない．そのような趣旨で立ち上げられたのが「無脊椎動物脳プラットフォーム（Invertebrate Brain Platform：IVB-PF）」(http://invbrain.neuroinf.jp/)（図 6.1）である．

無脊椎動物に関する研究は，それぞれの種が持つ特徴的な感覚，行動，神経機構にフォーカスしたものが多いために，論文情報のみからでは異なる種間での比較，実験結果の比較・統合を進めるのがこれまでは困難であった．このような課題を解決するのが，IVB-PF である．

6.2 昆虫ニューロンデータベース

昆虫のニューロンは他の動物のニューロンと同様に多様な形態を持つ（図6.2）．その3次元的な構造は，ニューロン自体の発火特性に影響を与え，ニューロンの計算機能に関連すると考えられている．そのためニューロンの形状をできる限り正確に記録する試みが進められてきた．最近のコンピュータの性能の向上に伴い，ニューロンの形状はデジタル情報として保存されるようになった．一般に，ニューロンの形は同じ種でも個体間で差異があり，個体が異なれば神経回路も完全に同じではなく，異なる性質を持つ．個体間でどれだけ神経系のばらつきがあるかは，生物種によって異なる．昆虫の脳などの，比較的シンプルな神経系では，個体間で同一の生理学的，解剖学的な特性を持つ1個から数個のニューロンが存在して，入出力もおおむね一致することが知られている．このようなニューロンを「同定ニューロン」と呼ぶ．昆虫では，伝統的にこの特徴をいかした研究が行われてきた．哺乳類の神経系と異なり，同一の実験を行った場合でも，同定ニューロンに関するものは，異なる個体のデータとの比較ができる．これが，昆虫をモデルとして用いる際の利点の1つとなっている．

したがって，昆虫脳に関するデータベースでは，ゲノムなど配列情報を扱うデータベースと異なり，ニューロンレベルの構造と機能を中心に構築が行われてきた．東京大学先端科学技術研究センターの神崎研究室では，チョウ目昆虫のカ

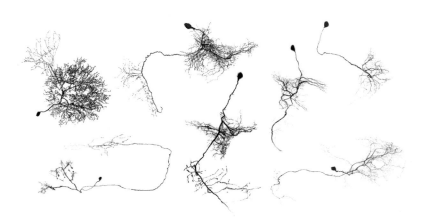

図 6.2　昆虫脳をつくるさまざまな形のニューロン

イコガ（*Bombyx mori*）のニューロン形態および電気生理実験データに関するデータベース（*Bombyx* Neuron Database：BoND）が構築され，共同研究機関（立命館大学，兵庫県立大学）と共有して利用することで，カイコガのフェロモン受容から行動発現に至る神経回路の解析が進められている．

このニューロンデータベースは，2000 年に Cumulus という商用のデータベースソフトをベースとして作成されたが，現在では本書の筆者でもある東京大学の加沢知毅，宮本大輔と兵庫県立大学の池野英利らによってフリーウェアのコンテンツマネージメントシステムである XOOPS を利用し，CosmoDB という独自開発モジュールを用いたデータベースが作成されている．XOOPS は導入が容易でありながら，大規模なサイトの運用にも耐えうることが示されており，モジュール単位でさまざまな機能が追加できることから拡張性も優れており，データベースの機能を強化するための各種モジュールが入手可能である．

カイコガの脳ニューロンのデータベースである BoND には，これまでカイコガの脳をつくる 1,600 個ほどのニューロンが登録されており，神経突起の分布や，ニューロンの分類に関する情報が付加されている．また，嗅覚刺激や視覚刺激に対する応答が登録されている．これらのデータは，前述の「無脊椎動物脳プラットフォーム」に順次公開を始めている．第 4 章や 6.4 節で述べるカイコガの匂い源探索を指令する神経回路はこのデータベースに登録されたニューロンの 3 次元的な構造と，フェロモンに対する応答の情報を用いて構築された．

昆虫の脳は前章で述べたように遺伝子，ニューロン，神経回路，行動とさまざまなレベルから分析が可能であり，多数のデータが蓄積されてきた．脳のように大規模な対象を研究するためには，データを集積し，検索・再利用が可能な形式で管理するデータベースの利用が有用である．

筆者らはこのようなデータを活用することで，「カイコガの脳をつくる研究」を展開している．また，このような脳データベースは，データ解析や論文作成に至る研究活動を進めていく上でも有用なツールであり，研究室あるいは研究グループのレベルからインターネットによる共有を目指すものまで数多くのシステムが開発・運用されている．

6.3 無脊椎動物脳プラットフォーム

無脊椎動物脳プラットフォームは，IVB-PF 委員会（代表：神崎亮平）が管理

運営を行い，昆虫の感覚・脳神経系・行動に関する最新の情報を提供している（図6.3）．コンテンツの提供については，当初 IVB-PF 委員から提供を受けていたが，委員の多くが日本比較生理生化学会（http://jscpb.org/）の会員であることから，現在は同学会から正式に協力を得て，同学会の関連する分野の大学研究者から提供を受けている．また，一部は博物館関係者や高校教員から提供されたコンテンツから構成されている．IVB-PF は無脊椎動物，特に昆虫を含めた節足動物の感覚・脳・行動に着目し，神経解剖学，神経生理学，神経行動学，行動学に関する実験データ，またそれらに関する数理モデル，研究推進のためのソフトウェアツール，計測装置の製作法などの情報を提供し，神経科学，比較神経科学，感覚・脳・行動のモデリングなどの基礎科学分野，さらには昆虫ミメティクス，昆虫行動制御，産業利用の分野，そして博物館や教育の現場での活用を目指している．

IVB-PF では，データベースを直接利用できるとともに，感覚，脳，行動に関する解説内容とデータベースが連携されているので，実際の研究データを参照しながら内容を理解できるように工夫されている．対象ユーザーは，研究者，エンジニアから教育関係者をはじめ一般の方，学生と幅広く目的に応じて利用しやすいように 4 つの扉を設けている（図6.4）．以下にそれぞれの扉の概略を述べるが，

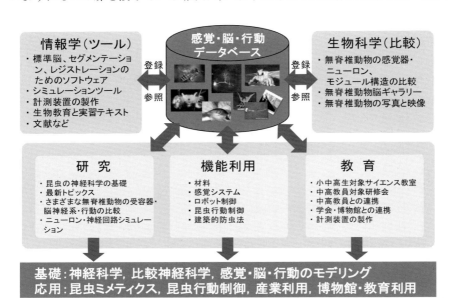

図 6.3　無脊椎動物脳プラットフォームの概要

6.3 無脊椎動物脳プラットフォーム

図 6.4 無脊椎動物脳プラットフォームのトップページ

ぜひ一度 IVB-PF にアクセスしてもらいたい．

・第 1 の扉：無脊椎動物の感覚・脳・行動データベースの扉

　無脊椎動物，主に昆虫の感覚・脳・行動に関する各種データベースを提供している．種間で脳神経系を比較できる脳ギャラリー，感覚器，ニューロンの構造と機能，写真や行動の映像，計測装置，研究ソフトウェア，教育素材，文献などの 15 種類のデータベースからなる．

・第 2 の扉：研究の扉（感覚・脳・行動の比較行動生理学）

　動物，主に昆虫の感覚・脳・行動についての詳細を解説している．昆虫の視覚，聴覚，触覚，嗅覚，味覚に関するさまざまな機能をとりあげている．カイコガ，

コオロギ，ルリキンバエ，ミツバチ，ゴキブリ，アリ，ザリガニなどの感覚・脳・行動に関するデータを比較できる．また，昆虫操縦型ロボット（図 4.6），サイボーグ昆虫（図 4.13）など，昆虫の脳科学のトピックスについても，映像を交えて広く解説している．

・第 3 の扉：機能利用の扉

無脊椎動物，主に昆虫の機能利用に関する事例を紹介している．昆虫は 6 脚で垂直の壁をよじ登り，空中を自由に羽ばたき飛行する．また，数 km も離れた匂い源を探索し，太陽と巣とえさ場の位置関係を瞬時に計算するものもいる．このような機能は昆虫のセンサ・脳・行動という，哺乳類よりはるかに単純なしくみによる．昆虫の単純，高速，経済的な情報処理は，「昆虫パワー」といわれ，工学利用の上できわめて魅力的である．近年このような機能利用は，バイオミメティクスあるいはバイオミミクリと言われ，これまでの工学設計に新しい指針をもたらすと期待されている．

・第 4 の扉：教育の扉

無脊椎動物の感覚・脳・行動をやさしく解説することで中高等学校での教育利用を目的としている．中高校の教員や博物館などとの連携により，無脊椎動物を用いた優れた教材や教育法の開発と提供を目指している．これまでにわれわれが実施してきた感覚・脳・行動に関する科学教室，教員研修などの資料を掲載するとともに，昆虫の飛翔筋から筋電位を計測するためのアンプの製作，計測法なども紹介している．また，高校教員が中心となり，教材，実験法などに関するフォーラムを設け，意見交換が行えるようになっている．

以上のように，IVB-PF では無脊椎動物，特に昆虫の感覚，脳神経系，行動に関わる知見，データを広く収集している．さらに，2017 年度からは，日本比較生理生化学会の協力のもと，脊椎動物の感覚・脳・行動に関する情報の登録も始め，無脊椎動物，脊椎動物間での比較も計画し，プラットフォームの名称も「比較神経科学プラットフォーム Comparative NeuroScience Platform：CNS-PF」（https://cns.neuroinf.jp/）と変更する予定である．

以下では，データベースが昆虫の脳科学にとってなぜ重要であるかを示しながら，その活用例として，カイコガのフェロモン源探索の脳内のしくみを解明する研究について紹介しよう．

6.4 無脊椎動物脳プラットフォームの利用例

6.4.1 昆虫脳研究でのデータベースの重要性

　科学者は，できる限り実験条件を整え，異なる実験，異なる個体から得られたデータを統合することによって結論を導く．例えば，細胞内記録法（5.1節参照）を用いた場合，同時にたかだか数個の細胞しかモニタすることができないため，異なる実験からのデータを比較して，ある基準のもとにデータを統合することにより，特定の種類の細胞は特殊な発火活動を示す，特殊なチャネルを発現しているなどの生物学的な結論を得ることになる．この際，システムがよく似ていればいるほど，より精密な比較・分析が可能となるわけだ．昆虫をはじめとして，無脊椎動物の神経系は個体間で回路が保存されていることが多く，こうした構成論的なアプローチがより有効となる．このようにして昆虫では同一形式で取られたデータを集積し，解剖学的地図を参照することにより統合することができる．これは単一素子からシステム全体を分析する際に有用なアプローチであり，昆虫など個体間で神経回路の類似性が高い場合に特に有効となる．

6.4.2 カイコガ前運動中枢の生物学的分析

　データベースを利用し，カイコガの匂い源探索行動の指令信号をつくる前運動中枢の側副葉（4.4.2項，図4.10参照）の分析を行った研究例を紹介しよう．この研究の筆頭著者は免疫組織化学の研究者であり，解剖学的知見からカイコガの前運動中枢はいくつかの解剖学的なモジュールで構成されているという着想を得たのち，データベースを利用して前運動中枢に分布するニューロンを検索し，登録されていた実験データを解析して研究発表を行った（Iwanoら，2010）．実験データは，ガラス微小電極を用いた細胞内記録法（5.1.1項参照）を用いたものであり，短期間で十分なデータを得ることは難しいが，計7人の異なる電気生理学の研究者による十数年にわたる研究により，およそ100個程度のデータが蓄積されてきた．データベースがなければ，このような研究はできなかったであろう．

　前運動中枢は脳内に左右対称に一対ある（図6.5）．ニューロンからなるこのような構造はニューロパイルと言われる機能的なモジュール構造を形づくっている．前運動中枢は，匂いの処理をする触角葉（3.4節参照）や記憶に関係するキ

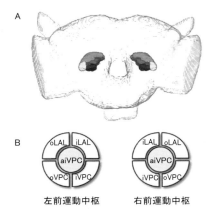

図 6.5 前運動中枢を構成する 5 つの領域の模式図
（神崎，2014 を改変）
A：脳内における前運動中枢の位置．B：前運動中枢の 5 領域の模式図．

ノコ体（3.5 節参照）と同じで，たくさんのニューロンの入出力部（樹状突起や神経終末部）が密に絡まった領域で，そこでニューロンどうしが相互に結合している．この領域を構成するニューロンの数は約 350 個であることが，これまでの研究から推定されている．この約 350 個のニューロンが作る神経回路によって，図 4.11 で紹介した行動指令信号であるフリップフロップ応答が形成され，特徴的な歩行パターンが起こることで，カイコガの匂い源探索が実現されているのである．

まず，この領域を構成するニューロンの形状を調査し，3 種類のニューロンを特定することができた．1 つは，左右の前運動中枢を脳を横断して接続するニューロンで，両側性神経という（図 6.6A）．2 つ目は，ニューロンの突起の広がりが一方の前運動中枢とその付近のみに限られた局所介在神経で（図 6.6B），3 つ目が前運動中枢から胸部神経節に行動指令信号を運ぶ下降性神経（図 6.6C）である．

昆虫のニューロンではその分枝の形から，入力部と出力部を一般に区別することができる．図 6.6A の両側性神経を例にすると，向かって右側，細胞体がある側の分枝，これは樹状突起だが，細い滑らかな形状をしている．一方，反対側の分枝はボツボツとしており，両者で明瞭な違いが見られる．細胞体のある側の滑らかな部位は入力部，反対側のボツボツとしたのが出力部にあたる．すでに説明した用語を使うと前者が後シナプス部，後者が前シナプス部である．このような

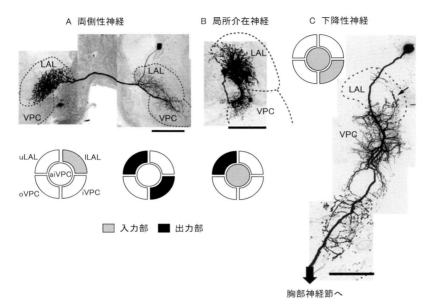

図 6.6 前運動中枢を構成するニューロンの例(神崎,2014 を改変)
前運動中枢の模式図はそれぞれのニューロンの前運動中枢の 5 領域における入力と出力領域を示す.
スケール:100 μm.

形状の違いから,ニューロンの入力部と出力部を推定できる.もちろん,正確には電子顕微鏡でニューロンどうしの接続部を観察し,シナプスの構造があるかどうかを確認する必要があるが,ここではこの形状の違いをもとにして入出力部を推定した.

その結果,前運動中枢の内部には,さらに細かい機能的な領域が存在することが明らかになった.左右の前運動中枢はそれぞれが 5 つの領域に分割されており,ニューロンの形態学的な特徴は,この 5 領域で入力・出力のどちらの形状の分枝を持つかで記述することができる(図 6.6).図 6.5 に 5 つの領域に分かれた前運動中枢の概念図を示した.ニューロンの細胞体は,ニューロパイル領域外に位置しており,ニューロンの入出力部は 5 つの領域の 2 つ以上の領域に延びている.

ニューロンが有する神経伝達物質の特定は,神経回路の分析において重要である.たとえばニューロンが興奮性のアセチルコリンを持つか,抑制性の GABA という物質を持つかによって,それが接続するニューロンに及ぼす影響は全く異なる.各ニューロンの神経伝達物質については,両側性神経はそのほとんどが抑

制性のGABAであること，また，二対の両側性神経が興奮性のセロトニンという物質を持つことが実験的に明らかになった．さらに，局所介在神経は主に興奮性のアセチルコリンを持ち，抑制性のGABAが一定割合で存在することがわかっている．

しかし，細胞内記録法で得たデータのみでは，ニューロンがどの神経伝達物質を持つかはわからない．BoNDデータベースのユニークな点は，過去に得られた実験データのサンプル自体が冷蔵保存されており，組織化学的実験を同一の標本を用いて再実施することが可能なことである．データ解析の後に，分析によって重要だと判断されたニューロンについてデータベース冷蔵庫からサンプルをIDをもとにピックアップし，これらの候補について組織化学的な手法を実施することで伝達物質の確認をすることができる．後述するようにこうした情報は神経回路の推定にも重要な役割を持ってくる．

6.4.3 カイコガ前運動中枢の神経回路の推定

より本物に近い脳の機能の解明にとっては，ニューロンの形状に基づいてシナプス位置や結合強度を反映させた詳細な神経回路の構築が必要になる．しかし，個々のニューロン間でそれを調べていくのは現実問題として簡単ではない．モデル化による研究では，前節の生物学的研究で得られた形態学的情報を拘束条件とし，それぞれのニューロンの応答を最もよく再現する機能的な結合関係を求める最適化問題を設定し，機能的な接続関係を求めることができる．

前運動中枢が5つの領域に分割できることを利用して，それぞれのニューロンがどの領域で入力を受け，どの領域に出力しているかを基準にして，まずは簡略化して神経回路を表すことを考えてみよう．これは西川郁子教授（立命館大学）との共同研究で行われたものである（西川ら，2011）．

同定されたニューロンでは，それぞれ5つの領域での分枝の形状から判断した入出力部が記述されている．また，これらのニューロンの神経応答は，フェロモン刺激後の数秒間の発火頻度の時間変化パターンとして表現できる．今回は同定されたニューロンのうち43細胞を使用したが，そのうち，24細胞が両側性神経，12細胞が局所介在神経，そして7細胞が下降性神経である．前運動中枢の神経回路のモデル化にあたって，これら43細胞が左右対称に存在すると考えられることから，左右合わせて86のニューロンからなる神経回路によって前運動中枢

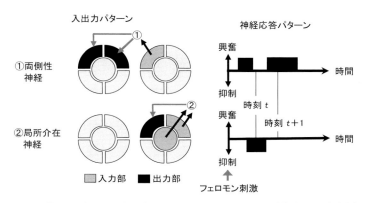

図 6.7 前運動中枢に入出力を持つニューロンのモデル化の例(神崎,2014 を改変)
入出力パターン:①のニューロンは一方の前運動中枢の 1 つの領域から入力,他方の前運動中枢の 2 つの領域に出力する両側性神経.②のニューロンは,一方の前運動中枢で入力(2 領域)も出力(1 領域)も持つ局所介在神経.
神経応答パターン:ニューロンの興奮応答・無応答・抑制応答の時間変化として表した.①と②のニューロンは時刻 t ではそれぞれ無応答,抑制応答であり,$t+1$ では興奮応答と無応答であった.

をモデル化することにした(図 6.7).

使用するニューロン数は 86 個で,前運動中枢の領域数は左右で 10 個である.もしすべてのニューロンが,10 領域で信号のやり取りをしているとすると,全部で 1720 本(86 ニューロン×10 領域×2 入出力)の結合が存在することになる.しかし,各ニューロンがすべての領域で信号のやり取りをするわけではない.実際に 43 個のニューロンで,それぞれのニューロンの投射領域を形態的に詳細に調べたところ,189 本の結合のみだった.つまり,左右で 189 本×2 個の結合において,ある領域に入力部を持つニューロンは,そこで出力部を持つニューロンから信号をある結合強度で受け取っていることになる.

ニューラルネットワークという手法を用い(岩田・松原,1996),図 6.7 のような領域間での結合やニューロンの活動状態のデータをもとにして,それぞれのニューロンの活動状態が最もよく合致するように各領域におけるニューロンの結合の強さを求め,領域レベルで前運動中枢の神経回路を推定した.さらに,この神経回路で重要な構造を明らかにするために,神経応答のシミュレーションを実施し,この神経回路からニューロンを 1 つずつ破壊した際の神経応答を見ることで,各ニューロンが神経回路に与える影響を調べていった.その結果,フリップフロップ応答をつくるうえで主要となる神経回路として図 6.8 の構造が浮かび上

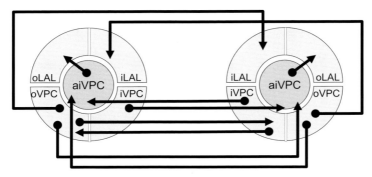

図 6.8 フリップフロップ応答を形成すると考えられる前運動中枢の主要神経回路（西川ら，2011 を改変）左右の前運動中枢の5つの領域がどのように接続されているかを示した．

がってきたのだ．このようにデータベースに登録されたニューロンの構造と機能を活用し，統合することで，脳内の神経回路の構造的な，また機能的な可能性を初めて予測できるようになったのである．予測された機能的な接続については，実験による検証を行っていくことになるが，複雑にニューロンが入り組む脳のしくみは，このようなアプローチを用いることにより，格段に速い研究展開が可能となる．特に脳は，一部の領域の機能を解明するだけではその機能解明にはつながりにくく，脳全体をシステムとして理解する必要がある．このような研究においては，データベースにより統合されたデータを利用するアプローチは必須のものといえる．

6.5 昆虫科学を全国に広める：IVB-PF を利用した大学・科学館・高校の連携

昆虫科学に関するデータベースが科学や技術の展開に重要な役割を果たすことは言を俟たないが，このようなデータベースが教育や産業の発展・推進においても果たす役割は大きいといえる．IVB-PF を積極的に運用・活用することで，大学・科学館・高校が相互に情報を交換できる体制づくりが始まっている（図 6.9）．

平成 24 年度から新課程の高校生物が始まり，「環境応答」の項目では，感覚・脳・行動について実験を交えた授業が実施されている．この項目の実験対象の1つとして昆虫（カイコガ）が選定され，教育分野における昆虫の神経科学の重要性がこれまでにも増して大きくなってきた．これを受けて，高校生や高校教員を対象として，筆者の研究室ではカイコガを用いた神経科学の実習や研修会を頻繁

6.5 昆虫科学を全国に広める：IVB-PFを利用した大学・科学館・高校の連携

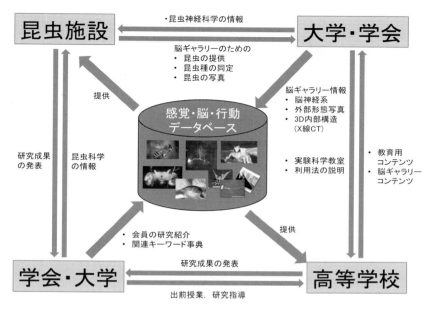

図 6.9 データベースを通した大学・高校・学会・科学館の協力体制
このような体制により，昆虫科学を教育分野に広めていく．

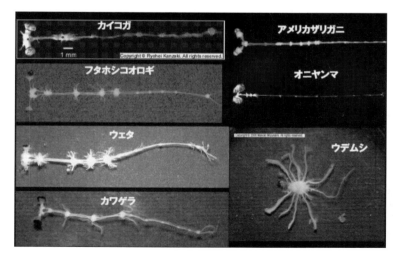

図 6.10 無脊椎動物プラットフォーム「脳ギャラリー」
さまざまな無脊椎動物の神経系の構造（脳，胸部神経節，腹部神経節）のデータベース．2017年4月現在6門，35目，49種の無脊椎動物とその脳および中枢神経系全体の取り出し標本の写真を展示し，解説している．これらの画像は，教育，研究で自由に利用することができる．

に行うようになった．また，高校の協力を得て，昆虫綱のすべての目に属する昆虫種で神経系標本を収集し，「脳ギャラリー」を構築するとともに（図 6.10），X線 CT スキャナにより，昆虫の外部構造から内部構造（筋肉，神経系）（図 6.11）の情報の収集を行い，情報の共有が進めることが計画されている．

この実習や研修会では，カイコガのフェロモンに対する行動実験（4 章参照）を行うと同時に，羽ばたきを起こす飛翔筋の電気活動の計測も行っている．計測のためには筋肉から発生する微小な電位（筋電位）を増幅する必要がある．その

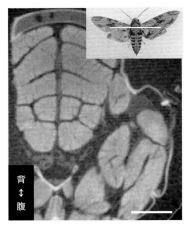

図 6.11 スズメガの X 線 CT スキャン画像
右上図の白線部分での断面図．スケール：1 mm．

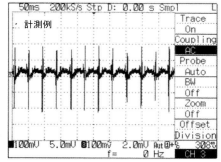

図 6.12 カイコガの飛翔筋からの筋電位計測
安価な手作りアンプで筋肉の活動電位を計測することができるようになり，高校生物の実習でも使えるようになった．左：実験風景．右：カイコガの翅を動かす筋肉（飛翔筋）からの筋電位の実際の計測例．

増幅器（アンプ）は，通常市販されている装置は高価で，高校の実習での使用は難しいが，本書の筆者でもある神崎研究室の安藤規泰博士がそのアンプを3,000円程度で作製し，IVB-PFを通して情報を公開している（図6.12）．これにより，高校でも簡単に筋電位計測が可能となった．より効果的に利用するためのフォーラムもIVB-PFに立ち上げられている．

このようなプラットフォームを介した大学・高校・博物館などの連携は，科学・技術・教育・産業の発展・推進に重要な役割を果たしていくことになるだろう．

本章では，昆虫脳からそれを構成するニューロンの形やはたらきをどのようにして分析するのか，またそのような分析手法により，カイコガの匂い源探索についてどの程度まで明らかにされているのか，さらには，さまざまな手法により分析されたニューロンの情報のデータベース化についても述べてきた．次章では第2部の最後として，本題である「昆虫の脳をつくる」に迫るため，ニューロン（神経細胞）や神経回路をいかにしてコンピュータを使って研究していくかについて述べることにしよう．

第7章 ■■■ 脳の計算手法 ■■■

　脳をコンピュータ上で再現するためには，脳を何らかの計算可能なモデル（数式）として表現しなければならない．この時，脳内のどのような現象を再現すればよいかということは自明ではなく，神経細胞の発火頻度を中心に捉えるものや，スパイク発生のタイミングについても考慮するもの，さらには神経細胞の場所特異的な変化の再現も行うものなど，さまざまなモデルが提案されている．また，同一の現象を対象としていても，数理的解析のしやすさや，必要となる計算量の違いにより複数のモデルが提案されている．

　本章のモデルの説明では，いくつかの数式が出てくる．いきなり数式が出てきて戸惑う読者もいるかもしれないが，このように記述されるのだという程度に，読み飛ばしても問題はない．

7.1　脳のモデル化

　ここではコンピュータ上で脳の活動をシミュレートするためのモデル化について，特に脳の主要な計算単位と考えられている神経細胞（ニューロン）と，神経細胞から構成される神経回路のモデル化について，最もよく知られた例をあげて紹介しよう．

7.1.1　マッカロック-ピッツモデルと発火頻度モデル

　マッカロック-ピッツモデルは，マッカロック（W. S. McCulloch）とピッツ（W. Pitts）により，1943年に提案されたモデルである（McCulloch and Pitts, 1943）．素子の入力と出力を0と1の2つの値に限定した非常に単純化したモデルでありながら，さまざまな現象を再現できるため，その後の人工知能，計算神経科学に大きな影響を与えた．

　マッカロック-ピッツモデルの計算素子である神経細胞の出力 y は，n 個の入

7.1 脳のモデル化

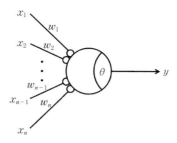

図 7.1 マッカロック-ピッツモデルの神経細胞

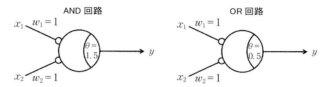

図 7.2 マッカロック-ピッツ神経細胞による論理素子

力 $x = (x_1, x_2, x_3, \cdots x_n)$ と，各入力に対する重み，$w = (w_1, w_2, w_3, \cdots w_n)$ が与えられた時，閾値 θ を用いて，

$$y = g((x_1 w_1 + x_2 w_2 + x_3 w_3 + \cdots + x_n w_n) - \theta)$$

$$g(x) = \begin{cases} 1, & x > 0 \\ 0, & x \leq 0 \end{cases}$$

と表される．これを図に表すと，図7.1のようになる．

この時，図7.2に示すようにさまざまな論理回路素子を再現することが可能となる．

また，マッカロック-ピッツモデルでは各素子の出力 y は，0か1の2つの値しかとらないが，閾値関数 g を連続関数に置き換えることで，多くの値をとることができるようになる．よく用いられるのは，

$$g(x) = \frac{1}{1 + e^{(-x+\theta)}}$$

で表現されるようなシグモイド関数を採用したものである．このような形式は，出力 y が，神経細胞の発火頻度を表していると考えられることから，発火頻度モデルと呼ばれる．

さらに，ローゼンブラット（F. Rosenblatt）は，1958年にマッカロック-ピッツモデルの細胞間接続について入力層，中間層，出力層という階層化のしくみを

取り入れたパーセプトロンを提案した．これはさらに，出力層の誤差をもとに重み w を調整する逆誤差伝搬法と組み合わさり，学習モデルの大きなブレイクスルーとなった．これが，人工知能として今話題になっているディープラーニング（深層学習）の原型となる．

7.1.2　ホジキン-ハクスリーモデル（HH モデル）

ホジキン（A. L. Hodgkin）とハクスリー（A. F. Huxley）が 1952 年に提案したモデル（Hodgkin and Huxley, 1952）で，ヤリイカの巨大神経についての実験的な知見と，神経細胞膜に存在していると仮定されたナトリウムイオンおよびカリウムイオンに対するチャネルの生理学的なモデル化がベースとなっている（図7.3）．これは，細胞を電気的な等価回路として表現しており，以下の式で細胞内外の電位差を計算することができる．

$$I = C_M V' + \overline{g_K} n^4 (V - V_K) + \overline{g_{Na}} m^3 h (V - V_{Na}) + g_l (V - V_l)$$

$$n' = \alpha_n (1 - n) - \beta_n n$$

$$m' = \alpha_m (1 - m) - \beta_m m$$

$$h' = \alpha_h (1 - h) - \beta_h h$$

$$\alpha_n = 0.01 \frac{(V + 10)}{\exp\left(\frac{V + 10}{10}\right) - 1}, \quad \beta_n = 0.125 \exp\left(\frac{V}{80}\right)$$

$$\alpha_m = 0.1 \frac{(V + 25)}{\exp\left(\frac{V + 25}{10}\right) - 1}, \quad \beta_m = 4 \exp\left(\frac{V}{18}\right)$$

ここで，I は細胞膜を通過する電流，C_M は膜容量，V は膜電位，$\overline{g_K}$, $\overline{g_{Na}}$, g_l はカリウムイオンチャネル，ナトリウムイオンチャネル，リークチャネルそれぞれの最大コンダクタンス，n はカリウムチャネルのゲートが開いている確率，m およ

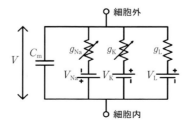

図 7.3　ホジキン-ハクスリーモデルの等価回路

びhは，ナトリウムチャネルの2つのゲートがそれぞれ開いている確率を表す．

$$\alpha_n = 0.07 \exp\left(\frac{V}{20}\right), \quad \beta_n = \frac{1}{\exp\left(\frac{V+30}{10}\right)}$$

また，HHモデルでは，Caチャネルのような他のチャネルについても，並列回路に独立の可変抵抗として挿入することで，自然に再現できるという利点がある．これらを総称して，ホジキン–ハクスリー型モデルと呼ぶこともある．なお，HHモデルについては，10章で改めて触れることにしよう．

7.1.3 イシュケビッチモデル（Izモデル）

HHモデルは，4次元非線形微分方程式であり，その挙動を数理的に解析することが難しいだけでなく，数値計算の際の計算量が非常に多くなってしまう．そのため，HHモデルの有する表現力を保ちながら，簡略化された数式として表現しようとする試みが多く行われてきた．

Izモデルは，イシュケビッチ（E. M. Izhikevich）により2003年に提案されたモデル（Izhikevich, 2003）で，シンプルでありながら，パラメータ（a, b, c, d）

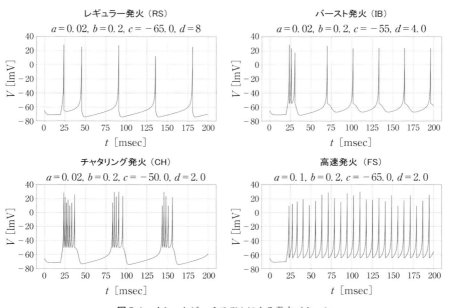

図 7.4 イシュケビッチモデルによる発火パターン

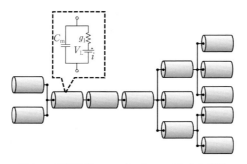

図 7.5　細胞形態のコンパートメントによる表現

を変えることで，チャタリングやバースト発火（図 7.4）など，さまざまな発火パターンを表現することが可能であり，複数の大規模脳シミュレーションで用いられている．これは，細胞の膜電位を v，外部からの刺激電流を I とした時に，以下の式で表される．

$$v' = 0.04v^2 + 5v + 140 - u + I$$
$$u' = a(bv - u)$$
$$\text{if } v \geq 30 \text{ mV, then } v \leftarrow c, u \leftarrow u + d$$

定電流を加えた際の発火パターンについて，a, b, c, d を変えた際の挙動を図 7.4 に示す（$I = 10$ nA, $dt = 0.1$ msec）．

7.1.4　コンパートメントモデル

1つの神経細胞であっても，一般に電位などの状態変数は神経細胞の部位ごとに異なる．そこで1つの神経細胞を，図 7.5 のように複数のコンパートメント（区画）が電気的に接続されているものとして考えるのがコンパートメントモデルだ（Rall, 1964）．コンパートメントモデルは空間的な分布について計算するために用いられる．

コンパートメントモデルではシナプス間の局所的な相互作用や細胞形状による時間遅れなどを自然に再現できるだけでなく，カルシウムイオンの拡散モデルとも組み合わせやすいといった利点もあるが，コンパートメントごとのイオンチャネル密度など，事前に考慮するべきパラメータが莫大になりやすいため（細胞の局所的な情報は未知であることが多い），計算量が莫大になるなど扱いの難しいところも多い．

7.2 神経細胞・神経回路シミュレータ

　以上のようなモデルを使って，神経細胞や神経回路の活動を模擬するシミュレーションが行われてきた．現在ではさまざまな研究グループが独自にシミュレータを開発している．その代表的な例を以下に示す．

　①**NEURON**（http://neuron.yale.edu/）：ハインズ（M. Hines；イエール大学）らが開発した，神経細胞の詳細な形態をシミュレーションするのに適したシミュレータである．NMODL（NEURON MODEL）という外部で定義されたモデルを組み込むしくみがあり，汎用性が高い．NEURONについては，9章および10章で改めて詳細に説明するとともに，実際にこれを使用して神経活動のシミュレーションを行う．

　②**GENESIS**（http://www.genesis-sim.org/）：バウアー（J. M. Bower；カルフォルニア工科大学）らが開発した神経細胞の詳細な形態を模擬実験をするのに適したシミュレータである．

　③**NEST**（http://www.nest-initiative.org/）：ディースマン（M. Diesmann；ユーリッヒ研究所）らが開発したシンプルな神経細胞モデルの大規模な回路の模擬実験に適したシミュレータである．

　④**Moose**（http://moose.ncbs.res.in/）：ガストン（D. Gaston；アイダホ国立研究所，Idaho National Laboratory）らが開発した，単一神経細胞の詳細な模擬実験に，特に電気生理学的特性と，化学反応を組み合わせた模擬実験に適したシミュレータである．

　⑤**Brian**（http://briansimulator.org/）：ブレット（R. Brette；パリ視覚研究所，Vision Institute）らがPythonベースで開発しており，簡単にシミュレーションを行うことができる．

　近年，これらのシミュレータ間を相互に連携させ，同じコードを複数のシミュレータで動作させるためのフレームワークも提案されている．この様な取り組みとしては，PyNN（http://neuralensemble.org/PyNN/）が有名である．これは，PythonからNEURONやNEST，Brianを同じ書式で呼び出せるようなライブラリとして開発されている．執筆時では，まだ神経細胞の形態を考慮したシミュレーションが行えないなど，さまざまな制約があるが，PyNNの開発元であるNeuralEnsemble（http://neuralensemble.org/）は，XML（Extensible Markup

Language）ベースの神経細胞・神経回路モデルのファイルフォーマットの標準化（NeuroML）も合わせて行っており，将来的にはシミュレータ間の垣根はどんどん低くなっていくかも知れない．

7.3 計算ハードウェア

脳には大量の神経細胞があり，各細胞を簡略化したモデルとして表現したとしても，莫大な計算量が必要となる．本節では，この莫大な計算量に対処するため，現在用いられている計算ハードウェアについて述べることにしよう．

7.3.1 スーパーコンピュータ

コンピュータ性能が指数関数的に向上するというムーアの法則は，現在でもまだ続いている．特にスーパーコンピュータの性能指標である TOP500（www.top500.org）で表される「世界で最も速いスーパーコンピュータ」の性能は，多少の上下はあるものの，おおむね，予測通りに進んでいると言える（図7.6）．しかし，その性能向上手法については，近年大きく変化している．これには，発生熱量や消費電力の問題から，技術的に CPU クロックの向上が限界に近づいているため，計算単位を増やしていくことでしか性能向上が見込めないという背景がある．そのため，現在のスーパーコンピュータは，一つひとつの計算単位（ノー

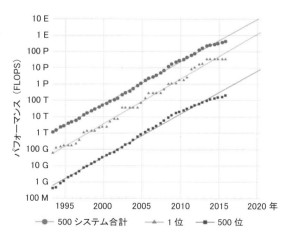

図 7.6 TOP500 によるスーパーコンピュータの性能進化
（www.top500.org を一部改変）

ド) の性能は抑えつつ, 非常に多くの計算単位を超高速なネットワークで接続し, MPI (Message Passing Interface) といわれる通信手法を用いて並列に協調させて動作させることで, 巨大な計算資源として扱うことができるように構成されている.

しかし, これは同時に大きな問題も発生させることになる. この現象は, 直感的には, 1つのタスクを2台のコンピュータで計算させる際にかかる時間は, 1台で行う際に比べ, 0.5倍よりも「多少」余計にかかる問題として説明することができる. この「多少」には, 通信にかかる時間や, 同期のための待ち時間が含まれる. これを定式化したのがアムダールの法則だ. 全体の高速化率Sを, 並列度 (プロセッサ数など) N, タスクの中の並列に計算可能な部分の割合pにより, 以下の式で表すことができる.

$$S = \frac{1}{(1-p) + \frac{p}{N}}$$

ここから導かれるように, 並列数が増えれば増えるほど, その並列数を全体の高速化率Sに反映させるためには, pをきわめて1に近づける必要のあることがわかる.

現在, スーパーコンピュータ「京」では, 複数の神経回路モデルによる実装が行われている. シンプルな細胞モデルである積分発火モデルでは, ディースマンらのグループ (ユーリッヒ研究所) が約17億ニューロン (Kunkelら, 2014), 一方詳細な細胞形態を再現したマルチコンパートメントホジキンハクスリー型モデルでは, 本書の筆者である神崎亮平教授らのグループ (東京大学先端科学技術研究センター) が約1万ニューロン (宮本ら, 2015) のリアルタイムでのシミュレーションに成功している.

7.3.2 GPGPU

GPGPU (General Purpose computing on Graphics Processing Units) とは, グラフィックス情報の処理に特化したICであるGPUを, 他の一般的な計算にも用いようとする試みの総称である. GPUはシェーダと呼ばれる計算パイプラインを用いることで, 計算を高速化できる. グラフィック演算の多様化に伴い, 固定演算シェーダからプログラマブルシェーダへの移行が進むことで, グラ

フィック演算以外のさまざまな計算に用いることが可能となった．従来シェーダのプログラミングには，Cg といったきわめて制約の多い言語で記述する必要があったが，NVIDIA が 2007 年に CUDA と呼ばれる，C 言語ベースの GPGPU 向け言語を発表したことで，計算科学の多くの分野でも用いられるようになった．

GPGPU における基本思想は SIMT（Single Instruction Multiple Threads）と呼ばれており，同一の演算を複数のスレッドと呼ばれる計算単位で実行することで，同時に大量の演算を行うことが可能となっている．この時，各スレッドがアクセスするデータは，原則的には連続して配置されている必要のあることや，条件分岐などで各スレッドに別々の挙動をさせると非常に大きな性能的ペナルティが発生することなど多くの制約があり，十分な性能を得るためには，非常に難易度の高いチューニングが必要とされる．

大規模な神経回路シミュレーションはまだそこまで多くないものの，山﨑匡准教授（電気通信大学），五十嵐 潤上級センター研究員（理化学研究所）による小脳のリアルタイムシミュレーションの実装（Yamazaki and Igarashi, 2013）が存在しているほか，NCS（Neo Cortical Simulator）（Hoang ら，2013）や，GeNN（https://genn-team.github.io/genn/）など（Yavuz ら，2016），複数の神経回路シミュレータが GPGPU への対応を進めている．

7.3.3 専用ハードウェア

計算時間の多くを占める数式について，CPU を用いて計算するのではなく，論理 IC や FPGA，ASIC などを用いて専用の計算回路を構築することで，高速化，低消費電力化を目指すことが可能である．このような働きを持つものとしては，重力多体問題計算についての GRAPE や，分子動力学法についての MD-GRAPE，Anton などが有名だ．

神経細胞モデル，神経回路モデルについては，これらのモデルに比べ，複雑な計算を要するためか，専用ハードウェア化の試みはそこまで多くないが，近年，大規模計算を視野に入れ，複数のハードウェアが発表されている．IBM が開発を行っている TrueNorth（Esser ら，2016）は，主に積分発火モデルをターゲットとした専用演算回路を持っている．TrueNorth チップでは，1 チップ内に，4,096 コアを有し，1 コアで 256 個の積分発火神経細胞を計算することが可能となっている．2015 年現在では最大 4,800 万個の神経細胞を計算可能なシステムが構築

されている．また，マンチェスター大学のファーバー（S. Furber）らが進めているSpiNNaker（Fuberら，2013）では，汎用のARM9コアを用いてはいるものの，スパイク情報の伝達に特化したパケットルーティング方式のチップ内ネットワークを有しており，効率の良いシナプス通信が可能となっている．

このような専用ハードウェアによる実装は，特に消費電力の低減において，大きな効果があり，今後の大規模シミュレーションにおいても，重要な役割を果たすと考えられる．

これまで第1部では，昆虫の脳の基礎知識として，ニューロンの形やはたらき，昆虫の感覚，脳，行動について，第2部では，昆虫脳の研究手法について，電気生理学や遺伝子工学，さらにはデータベースや脳の計算手法の概要について紹介してきた．さて，いよいよ本書のテーマである「昆虫の脳をつくる」段階になった．第3部では，第1部，2部の知識を使いながら，みなさんのパソコンの中に昆虫の脳をつくり，ニューロンのシミュレーションを実際に行ってみよう．

第3部

昆虫脳をつくる

第8章
脳地図作成の概要とソフトウェア

8.1 脳白地図と脳地図

　生物において異なる個体から得られた組織やニューロンのデータを比較する，あるいは，それらの関連を調べようとすると，個体間の大きさや形状の違いが問題となる．詳細に見ると生物の脳は同じ種であっても個体ごとにその形状は微妙に違っており，各個体において得られたデータを統合するためには，その位置やサイズの違いを補正して，1つの標準的な脳形状に合わせ込んでいく必要がある．このような平均的な形状の脳は「標準脳」と呼ばれている．標準脳は，ショウジョウバエ，ミツバチ，バッタ，ガなどの無脊椎動物から，マウス，ラット，サルなどの脊椎動物に至る多くの生物種について構築が進められ，最近ではその画像データなどもインターネット上に公開されている（Armstrongら，2009；Chiangら，2011；Huetterothら，2005；Kurylasら，2008；Kvelloら，2009；Rybakら，2010）．

　脳内にはニューロンから構成された神経回路が配線されている．さらに，多数のニューロンが集団を作り特定の機能を果たす構造として，例えば触角葉の糸球体構造や，前大脳にあるキノコ体のように，脳内にニューロパイルというモジュール構造がつくられている（図3.2：**口絵1**）．したがって，脳の外部構造としての標準脳という枠組みがあり，その内部にはこのような機能的なモジュール構造が配置され，さらに，これらのモジュールは多数のニューロンからなる神経回路によって構成される．平均的な形状を持つ標準脳は，いわば脳の「白地図（blank map）」にあたり，モジュール構造，さらにはニューロン，そして神経回路が配置された標準脳は「脳地図（brain map）」に相応する．いかに正確な「脳地図」を作成できるかが，脳を真に理解するうえで重要となる．

　「脳地図」を作成するためには，サンプル脳からモジュール構造を抜き取り，

標準脳（脳白地図）にこれらを合わせ込み，さらにその要素である個々のニューロンを配置することになる．脳内のモジュール構造やニューロンの正確な形を抜き取る作業を「セグメンテーション」という．セグメンテーションでは，脳全体を薄くスライスした連続切片から切片ごとにモジュール構造やニューロンの断片を抜き取り，それらを切片ごとに集め，その形状を3次元的に再構成することになる．次に，脳から取り出したモジュール構造やニューロンを，標準脳に位置を合わせて配置することになる．これを「レジストレーション」という．

これらの作業を，データベースに登録した情報をもとに行うことになる．第3部では，カイコガの脳を構築するモジュール構造やニューロンなどのデータを登録したBoNDデータベース（6.2節参照）をもとに，モジュール構造や神経回路を正確に反映した脳地図を構築する．次章では，カイコガの脳を対象に実際に「脳地図」を作成するが，その前に本章では，脳地図作成の概要を説明するとともに，作成に必要なレジストレーションやセグメンテーションを行うためのソフトウェア環境を説明する．

8.2 脳地図作成のためのソフトウェア環境

脳地図の作成においては，そのもととなる脳画像データに対して，画像の補正，3次元形状の構築，脳内のモジュール構造やニューロン形態の抽出（セグメンテーション）などさまざまな処理が必要となる．これらの処理を行うにあたっては，高機能の画像処理ソフトウェアAmira, Avizo（（株）マックスネット）などが活用されている．一方，最近では，FijiやITK-SNAPなどのフリーソフトを組み合わせて活用することで，これらの画像処理ソフトウェアと同様の処理が可能となってきており，特別なソフトを使った「高度」な処理から，実験データを統合的に利用していくための「一般的」な処理に変わりつつある．

8.2.1 画像処理ソフトウェア環境：Fiji

Fijiは，アメリカ国立衛生研究所（National Institute of Health；NIH）で開発されたImageJをベースに，さまざまな画像処理機能を提供するプラグインをパッケージ化したシステムである（http://fiji.sc/Fiji/）(Schindelinら，2012)．Fijiサイトでソフトウェアのダウンロードだけでなく，システムのアップデート，操作情報が得られ，フリーソフトでありながら，安定的な動作と豊富な機能を備

図 8.1 Fiji のホームページとダウンロードページ

図 8.2 Fiji のメニューバーとアイコン

えた画像処理ソフトウェアとして広く利用されている．また，Windows（32 ビット版，64 ビット版がある），Linux，MacOSX 版などが提供されており，自分の使っているオペレーティングシステムに応じたものを使用することができる（図 8.1）．

Windows の場合には，ダウンロードしたパッケージを任意のフォルダに移動し，ダブルクリックすることで自動的に展開され，Fiji のフォルダが作成される．この Fiji フォルダにおいて，Imagej-win32.exe（32 ビット版）あるいは Imagej-win64.exe（64 ビット版）をクリックすれば Fiji が起動されて，図 8.2 のようなメニューバーおよびアイコンが表示される．Fiji の機能は，メニューバーの各項目から選択，実行できる．

メニューバーの各項目は次の機能を持つ．

File：画像データの読み込み（Open），保存（Save, SaveAs），終了（Quit）など

Edit：画像のコピー（Copy, Copy to System），貼付け（Paste），部分的な消去（Clear）など

Image：カラー画像，グレースケール画像などの画像データ形式の変更（Type），コントラストやサイズの変更，2値化処理など画像全般にわたっての変換（Adjust），画像スタックに関する処理（Stacks），画像の一部抜き出し（Crop），スケール変更（Scale）など

Process：各種の画像処理（ノイズ除去，エッジ抽出，スムージングなど）を実施する．

Analyze：線分の長さや領域としてまとまっている部分の面積の計測やその結果の集計，解析を行う領域（ROIと呼ばれる）の設定などを行う．

Plugins：プラグインとして提供されている多くの機能が利用できる．このプラグインの豊富さがFijiの機能を充実させている．標準脳の作成，活用においてもさまざまなプラグインを活用する．

Window：ウィンドウの表示形式を変更する．

Help：操作方法に関する説明書の参照，Fijiプログラムの更新などを行う．

Fijiは，ImageJ Pluginサイト（http://rsbweb.nih.gov/ij/plugins/index.html）などで公開しているImageJ用のプラグインをインストールすることで，その機能を追加できる．プラグインのインストール作業は，Fijiフォルダ内にあるpluginsフォルダ内にプラグインファイル（jarあるいはclassファイル）をコピーするだけでよい．これによって，次回Fijiを実行すれば，Pluginメニューに項目として新たに追加される．ここでは，以下のプラグインを利用するので，あらかじめインストールしておくとよい．

NIfTI画像ファイルの読み込み，書き出し（nifti_io.jar）
　　http://rsbweb.nih.gov/ij/plugins/nifti.html

最大エントロピー法による背景と物体の分離（Entropy_Threshold.class）
　　http://rsbweb.nih.gov/ij/plugins/entropy.html

薄板スプライン（Thin-plate spline）変換によるニューロン形態データのレジストレーション（NeuroRegister_.jar）
　　https://github.com/sc4brain/neuroregister/

抽出した組織，細胞画像からの形態モデル作成（IntSeg_3 D.jar）
http://3dviewer.neurofly.de/

8.2.2 セグメンテーションソフト：ITK-SNAP

　ITK-SNAP は，連番の画像ファイル形式から脳内領域や細胞形態を抽出（セグメンテーション）するためのソフトウェアである（Yushkevich ら，2006）．領域抽出にあたっては，抽出すべき領域を設定した後，領域の明るさや連続性によって自動的に補正することで，3次元構造物体を背景から分離することができる．このソフトウェアのインストールから操作の手順を紹介する．

　まず，ITK-SNAP のファイルは，ITK-SNAP サイト（http://www.itksnap.org/pmwiki/pmwiki.php）からダウンロードする．Windows 版（32 ビット，64 ビット版あり），MacOS，Linux 版が提供されている．Windows 版の場合には，ダウンロードしたファイルを実行すればインストールされ，直ちに利用できる．ITK-SNAP のダウンロードサイトの画面を図 8.3 に示した．

　Fiji ではさまざまなフォーマットの画像ファイルを扱うことができ，画像ファイルフォーマットの変換（例えば，Zeiss 社の LSM 形式の画像ファイルを読み込み，多くの画像処理ソフトで利用できる TIFF 形式で保存する）ができる．一方，

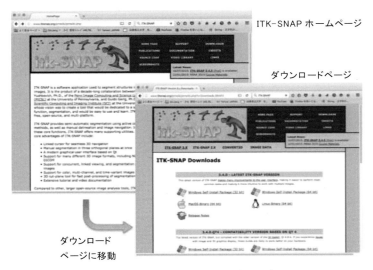

図 8.3　ITK-SNAP ダウンロードページ

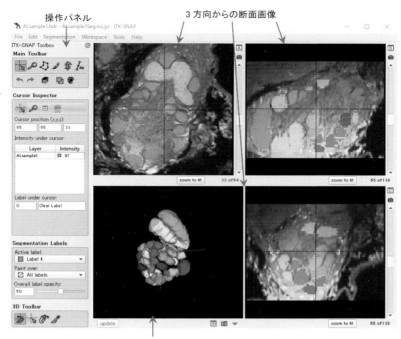

図 8.4　ITK-SNAP ウィンドウと操作パネル

ITK-SNAP で使用できる画像フォーマットは，VTK，NIfTI，HDR などに限定されているので，Fiji に前節で紹介した NIfTI 形式でのファイル入出力プラグインをインストールしておき，NIfTI 形式で出力，保存しておくことで，ITK-SNAP での領域抽出に利用することができる．

ITK-SNAP では，グレースケール画像（モノクロ画像）ファイルを読み込み，明るさの違いによって分離する領域を分割する．領域分割は 3 方向からの断面図（図 8.4）から，異なる構造を抽出する場合は，領域ごとに異なるラベルと，それに対応した色を割り当てておき，領域ごとに色分けしていく．さらに抽出した領域の 3 次元形態は左下のウィンドウに表示できるので，3 次元形状を確認しながら抽出作業を進めるとよい（図 8.4）．

8.2.3　その他のソフトウェア

　ニューロンは木の枝のような 3 次元的に広がった形状をしており，このような

形状に関する情報は，共焦点レーザ顕微鏡によって焦点深度を変えながら連続的に撮影することで得られる．ただし，このような共焦点連続画像から，その3次元形態を抽出するには，複数の画像にまたがった連続な領域を追跡しなければならない．このような特殊な処理を行いニューロンの構造を抽出するソフトウェアとして筆者らが開発した"SIGEN"や"KNEWRiTE"がある（Minemotoら，2009）．それぞれ以下のホームページからダウンロードし，展開すれば使用でき

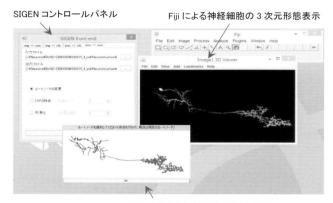

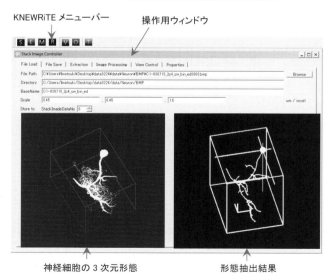

図 8.5　SIGEN によるニューロンの形態抽出（上）と KNEWRiTE による3次元形態と抽出結果（下）

る（図 8.5）．

SIGEN：https://sites.google.com/site/sigenproject/downloads/
KNEWRiTE：https://github.com/sc4brain/knewrite

また，抽出したモジュール構造などの3次元構造を確認するためにParaView（http://www.paraview.org/），Vaa3D（http://www.vaa3d.org/）などのフリーソフトウェアをインストールしておくと便利である．いずれのソフトウェアもフォルダのコピーあるいは，付属のインストーラーの実行により，自動的に実行環境が設定される．

9章ではこれらのソフトウェアを使用するので，ぜひインストールしておいて読み進めていただきたい．

8.3　標準脳（脳白地図）の構築の概要

図8.6にカイコガ個体の脳を複数例示す．この写真からもわかるように脳の形状，組織の位置関係は個体ごとにわずかに異なっていることから，異なる個体から得られた組織情報を比較，統合していくには，脳のサイズ，形状の違いを補正し標準化した，平均的な脳形状を持つ標準脳（脳白地図）が有用である（池野ら，2011；Ikenoら，2012）．

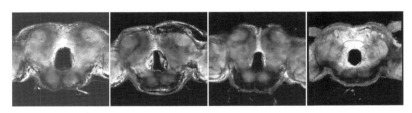

図8.6　カイコガにおける個体ごとの脳形状の違い

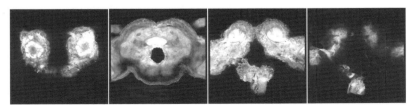

図8.7　共焦点レーザ顕微鏡で撮影したカイコガの脳
左から右に脳の正面から後方への連続画像の一部を示した．

カイコガの標準脳を例に構築作業の手順の概略を以下に説明しておく．実際の作業は9章で行う．

前述の通り，共焦点レーザ顕微鏡は，深度方向にもレーザ光の焦点面を変更することが可能であり，脳内の組織が観察できるように染色された脳標本では，焦点面を徐々に変えていくことで図8.7のような連続切片画像が得られる．このような共焦点連続画像を用いて「標準脳」を作成する．

次章で実際のデータを用いて標準脳を作成するが，ここでは図8.8と図8.9を使ってその作成ステップを簡単に説明しておく．

① まず，脳の境界やモジュール構造が鮮明に撮影された共焦点連続画像を基準となる「テンプレート画像」とする．このテンプレート画像に対して各サンプル脳画像の位置合せを行う（図8.8左）．

② 位置合せの基準は，脳の外部構造や脳内の組織構造物（モジュール構造など）のランドマーク（基準点）とする．本書では，ランドマークとして，明確に観察できるモジュール構造（ニューロパイル）である中心体の中央点，常糸球体の中央点，キノコ体傘部の中央点などを使用する（図8.8中）．

③ これらのランドマークを基準として脳全体の位置合せとサイズ調節によっ

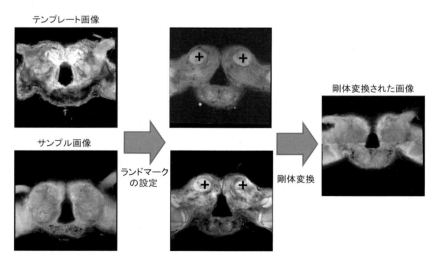

図8.8　剛体変換による脳画像の位置合せ
テンプレート画像とサンプル画像（左）にランドマーク（＋）を設定し（中），それを基準にサンプル画像をテンプレート画像に合わせ込む（右）．

8.3 標準脳（脳白地図）の構築の概要　　　　　　　　　　　　　　　99

図 8.9　標準脳（脳の平均的外形）の作成
2値化，3次元平滑化によって得られた脳の平均的外形．

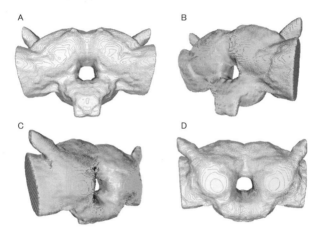

図 8.10　3次元物体モデルとして表示した標準脳（脳の平均的外形）
A：背側正面，B：背側斜め，C：前面斜め，D：前面正面からのビュー．

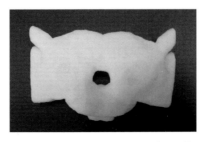

図 8.11　標準脳を3Dプリンタで出力した模型

て，脳の平均形状を求めるための変換（剛体変換，rigid transform）を行う．この変換によって，異なる個体から得られた脳画像のランドマークがなるべく近い

場所に来るように，画像座標点の位置，角度が変更され，サンプルとテンプレートの脳画像がかなり重なり合うようになる（図8.8右）．こうした2つの脳画像の位置合せを複数の脳画像について実施し，平均の脳画像を作成する．

④ ①から③の過程でつくられた平均の脳画像に対して，Proccess→Binary→Make Binaryなどによってある明るさのレベル以上を脳内，それ以下を背景として分離した後，2値化脳画像を作成し，画像面だけでなく深さ方向を含めた3次元での平滑化を行うことで，平均脳形状画像を得る（図8.9）．この平均脳形状画像にプラグイン（IntSeg_3D.jar）が提供する機能 Create Surface（Plugins→Segmentation→Greate Surface）により，図8.10のように3次元像として表示できる．また，3Dプリンタを使用すれば脳モデルを模型として，図8.11のように出力することもできる．

8.4 脳内領域の抽出と標準脳へのレジストレーションの概要

前節で構築した標準脳（脳白地図）は，抽出（セグメンテーション）した脳内のモジュール構造（ニューロパイル）やニューロンをレジストレーションしていくためのベースとなる．例えば，目的とするモジュール構造の輪郭が観察できる脳画像を用いて領域を抽出し，その結果を標準脳にレジストレーションしていく．

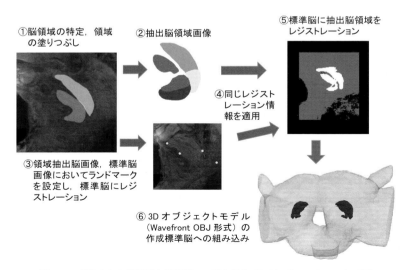

図8.12 抽出された脳領域と標準脳への組み込み（レジストレーション）手順

次章で実際のデータを用いてモジュール構造を抽出し，標準脳にレジストレーションしていくが，図 8.12 を参照しながらその作成ステップの概要を以下に示しておく．ニューロンのレジストレーションも同じステップとなる．

①，②：ITK-SNAP を使って脳画像から抽出した特定の脳領域の輪郭を選択し，領域を塗りつぶして目的の領域のみが描画された画像を作成する．

③，④：領域の抽出に使用した脳画像と標準脳のいずれの画像にも含まれる共通のランドマークを設定し，Fiji にある Name Landmarks and Register プラグインの薄板スプライン（thin-plate spline）機能を使って，領域抽出に用いた脳画像を標準脳へレジストレーションする．

⑤：抽出した脳領域の画像ファイルについて，先ほどと同じようにレジストレーション処理を行う．

⑥：標準脳上に位置とサイズが調節された脳の領域画像が得られる．

第9章
■■■ 標準脳の作成の実際 ■■■

　本章では，カイコガの標準脳（脳白地図）の構築を実際に皆さんに試してもらうとともに，カイコガの触角葉の糸球体（3.4節参照）やニューロンのセグメンテーション結果を標準脳へレジストレーションする方法を実習する．Fiji，ITK-SNAPを使用するので，あらかじめこれらのソフトウェアをPCにインストールしておく必要がある．これらのソフトウェアのダウンロード，インストールの方法は前章を参照のこと．作成作業の動画を随時「比較神経科学プラットフォーム（CNS-PF）」（https://cns.neuroinf.jp/）（6章参照）にアップロードしていく予定なので，参考にしながら進めよう．また，本章で使用する脳画像データ一式も同

使用するファイル一覧

　　BrainImages（9.1 カイコガ標準脳（脳白地図）の構築）
　　　templateF.tif, templateF.point, sample1F.tif, sample1F.points,
　　　sample2F.tif, sample2F.points, overlay1.tif, overlay2.tif,
　　　transformed1.tif, transformed2.tif, averageF.tif, SBShapeF.tif,
　　　SBShapeSym.tif, SBShapeSym.points, sample3F.tif, sample3Fsym.tif,
　　　sample3Fsym.points, SBimageF.tif, WB.obj
　　AntennalLobe（9.2.1 脳内モジュール構造のセグメンテーション）
　　　ALsample1.img, ALsample1.hdr, ALsample1.vtk, ALsample1Seg.nii.gz
　　ALregist（9.2.2 脳内モジュール構造の標準脳へのレジストレーション）
　　　ALsample1Seg.nii.gz, ALsample1Seg.tif, ALsample1Seg.points, SBimageF.tif,
　　　SBimageF.points, overlayedAL.tif, transformedAL.tif
　　Neuron（9.3, 9.4 ニューロンのセグメンテーション）
　　　Fused_Neuron1.tif, C1-Neuron1a.tif, C1-Neuron1b.tif, Fused_Neuron1bin.tif,
　　　BMP, D03V05C00S20.swc, D03V05C00S20.vtk
　　NeuronRegist（9.5 ニューロンの標準脳へのレジストレーション）
　　　NeuroRegister_.jar, Fused_Neuron1.tif, Fused_Neuron1.points, SBimageP.tif,
　　　SBimageP.points, D03V05C00S20.swc, registNeuron.tif, registNeuron.swc,
　　　registNeuronFlip.swc
　　NeuronSim（9.6 ニューロン応答のシミュレーション）
　　　D03V05C00S20.swc

じく比較神経科学プラットフォームに圧縮された形で登録されているので，ダウンロードしておく．

9.1 カイコガ標準脳（脳白地図）の構築

9.1.1 脳画像の位置合せ

標準脳は，複数の脳の形態を平均したものであるため，ベースとなる脳形状（テンプレート）と各サンプルの脳の位置を合わせて平均化する必要がある．筆者らは，実際にはカイコガの標準脳を12個体（テンプレート1個，サンプル11個）の脳画像から作成した．ここでは，1つのテンプレートと2つの脳サンプルを使って，標準脳構築の手順を試すことにする．ここで使用するデータのファイルは，BrainImages フォルダ内にある．

テンプレート画像としては，標準的な脳形状で，かつ，脳内組織が鮮明に撮影されている画像を使用するとよい．ここでは，このような脳画像として templateF.tif を提供しているので，それを用いることにする．サンプル脳画像は，sample1F.tif と sample2F.tif である．

まず，Fiji フォルダの中の実行ファイル（Windows 64-bit 版であれば，ImageJ-win64.exe, Windows 32-bit 版であれば，ImageJ-win32.exe）を起動して File→Open あるいは，ドラッグアンドドロップでテンプレート画像（templateF.tif）を読み込む．画面下のスクロールバーを動かして画像を確認しよう．次に位置合せの基準となるランドマークを設定するが，慣れないうちは難しいので，ここではすでに設定したものを使う．あらかじめ設定されたランドマーク情報は，templateF.points としてフォルダ内に保存されている．Plugins→Landmarks→Name Landmarks and Register（図 9.1 下右側）で，Landmarks 設定ウィンドウにその情報が自動的に表示される（図 9.1 下左側）．ここでは，ランドマークとして，脳内のモジュール構造である，①・②左右の常糸球体の中央点，③中心体の中央点および，④・⑤左右のキノコ体傘部の中央点の5点が設定されている．それぞれのランドマークの位置は，show ボタンをクリックすることで確認できる．なお，カイコガの脳内モジュール構造は図 3.2（口絵 1）C に示してあるので，これを再確認しておくとよい．

新たにランドマークを設定する場合は，Toolbar の Multi Point を選択し，画像上でランドマークを設定したいポイントをクリックして，Add New Points

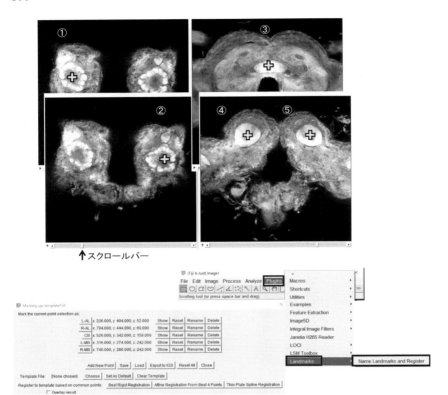

図 9.1 脳画像の位置合せのために設定されたランドマーク（＋）
上：ランドマークとして，左右の常糸球体中心点①，②，キノコ体傘部の中央④，⑤，中心体の中央③を設定した．下：Fiji メニューバーとランドマークを設定する Marking up ウィンドウ（ランドマーク情報を設定した状態）．

および Named Point（#）（# はランドマーク番号）をクリックすることで追加できる．ランドマーク名の変更は，該当するランドマークの Rename で新しい名前を入力する．ランドマークの座標情報は save（データ名＋.point）で保存しておけば，次回以降は自動的に読み込まれる．なお，画像が暗くて見にくい場合は，Image→Adjust→Brightness で明るさを調節するとよい．

次に，テンプレート画像に合わせるサンプル画像（sample1F.tif）を取り込み，Plugins→Landmarks→Name Landmarks and Register を起動する．テンプレート画像と同様にすでに設定されているランドマーク情報（sample1F.points）が Marking up ウィンドウに表示される．

9.1 カイコガ標準脳（脳白地図）の構築

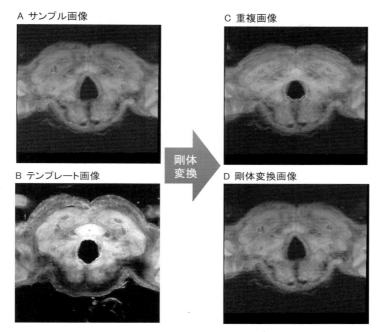

図 9.2（口絵 5）　剛体変換による脳画像の位置合せ
サンプル画像（sample1F.tif）(A) を剛体変形により，テンプレート画像（templateF.tif）(B) に位置合せした．テンプレート画像（マゼンダ）とサンプル画像（グリーン）を重複させた画像が C である（overlay1.tif）．変換後のサンプル画像を D に示した（transformed1.tif）．

これで，サンプル画像（図 9.2；**口絵 5**A）とテンプレート画像（図 9.2；**口絵 5**B）が読み込まれたので，2 つの画像上で同じ場所として対応づけられたランドマークを基準として重ね合わせる．sample1F.tif の Marking up ウィンドウで剛体変換を行うテンプレートとなるファイル（templateF.tif）を Choose で指定する．

Overlay result にチェックを入れ，Best Rigid Registration（剛体変換）を選択するとサンプル画像がテンプレート画像に近づくように変換され，図 9.2（**口絵 5**) C のようにテンプレート画像（マゼンタ）と変換後のサンプル画像（グリーン）を重複させた画像（overlay1.tif）が表示される．

この変換結果の例は，overlay1.tif として保存してある．Overlay result（重ね書き）のチェックを外すと，変換された脳画像（ファイル名：transformed1.tif）が図 9.2（**口絵 5**) D のように表示される．

同様の剛体変換をテンプレート画像(templateF.tif)とサンプル画像(sample2F.tif)に対しても実施する．この変換結果は，overlay2.tif, transformed2.tifとして保存してある．なお，Name Landmarks and Registerでは座標変換の方法として，剛体変換，アフィン変換，薄板スプライン変換の3つの方法が提供されている．剛体変換は，拡大縮小，平行移動，回転による変換，アフィン変換は，剛体変換にせん断（方向によって不均等に引き伸ばす）処理を加えた変換，そして薄板スプライン変換は，非剛体変換の1つで，局所的な変形を伴う変換である．

9.1.2 平均脳外形の算出

①**平均脳画像の作成**：これまでの操作により，テンプレートに対して2つのサンプルを剛体変換により，重ね合せを行った．次にこれらの重ね合わせた画像から平均の脳画像を作成する．まず，Plugins→Stacks→Average Imagesより，Add to filesで平均化するファイルを選択する．ここでは，すでに作成した以下の2つのサンプル脳画像ファイル（transformed1.tif と transformed2.tif）を用いて平均脳外形を算出する．筆者らは実際には同様の方法で12個の脳画像を使って平均画像を算出しており，その結果をaverageF.tifとして保存してある．それを表示したのが，図9.3である．

②**平均脳画像の3次元表示**：平均化された脳画像を2値化処理により背景と分離し，3次元表示する．その処理過程は次のようになる．まず，平均の脳画像averageF.tifに対して，Image→Adjust→Thresholdを選択し，ある明るさのレ

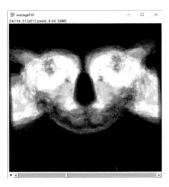

図9.3 12個の脳画像から作成した
カイコガの平均脳画像

9.1 カイコガ標準脳（脳白地図）の構築

ベル以上を脳内，それ以下を背景として分離することで，2値化脳画像を作成する（図9.4B）．

次に，共焦点連続画像の深さ方向を含めた3次元平滑化処理を，Plugins→Process→Smooth（3D）で行う（図9.4C）．その結果を再度2値化することで，平均脳形状画像を得る．この処理結果はすでにSBShapeF.tifとして保存されており，図9.4Dに示した．前節でも紹介したが，この平均脳形状画像にFijiが提供するプラグイン（IntSeg_3D.jar）であるPlugins→Segmentation→Create Surface処理により，図8.10のように3次元像として表示できる．また，この結果は標準的な3次元モデルフォーマットであるobj形式で出力できるため，3Dプリンタを使用すれば，脳の模型を図8.11のように出力することもできる．

注意点：2値化処理により画像の不連続領域が生じた場合は，脳を3次元画像に再構築した時，不連続な領域がノイズとなってしまうので，Color Picker Tool で背景色あるいは脳領域の明るさを選択し，脳の形状を滑らかに再現す

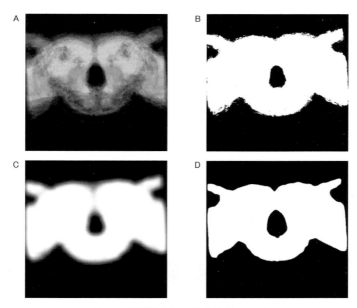

図9.4 標準脳（脳の平均的外形）の作成
A：平均脳画像，B：2値化された平均脳画像，C：円滑化された画像，D：2値化処理によって得られた脳の平均的外形．

るように Paint brush Tool で補正する．連続画像をスライドバーで変えながらすべての画像で補正することを薦める．補正の後，ファイルを保存する．

なお，2値化処理を行った画像は，背景の値が255，脳領域の値が0になっている場合がある（画像内にカーソルを移動させると各画素の値がメニューバーに表示される）．このような場合は，Edit→Invert を行って背景と脳領域の値を反転させた後，Image→Color→Edit LUT を選択し，Invert をクリックして色テーブルを反転させるとよい．

③左右対称の2値化画像の作成（必要に応じて）：左右対称の平均脳画像を得るには次のようにする．まず，平均脳画像の位置を Image→Transform→Rotate（角度を変える）または Translate（上下左右に移動）で調整して画面の中央に垂直になるように配置する．Fiji メニューバーの左端にある Rectangle Tool を用いて，使用する側の半分の脳画像を囲み，Image→Crop で切り出す（図9.5A）．

今回使用している画像は 512×512 pixels の画像であるので，Image→Adjust→Canvas Size で Width をもとのサイズである 512 pixels と設定する．Position は図9.5A のように左半球を切り取った場合は Center Right で，図9.5B が表示される．次に，Image→Duplicate（Duplicate stack にチェック）でこの画像を複製し，Image→Transform→Flip Horizontally で左右を反転した図9.5C の画像を得る．

図9.5B と C の画像を，Process→Image Calculator→Operation によって OR または AND（キャンバスサイズをもとのサイズに拡張したときの画素の値に依

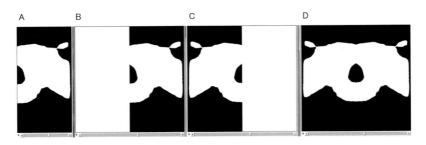

図9.5 左右対称の脳平均画像（SBShapeSym.tif）
A：Rectangle Tool で切り取った画像．B：A の画像をもとのサイズに戻した画像．C：B の左右対称画像．D：B と C の画像を結合した左右対称の平均脳画像．

9.1 カイコガ標準脳（脳白地図）の構築 　　　　　　109

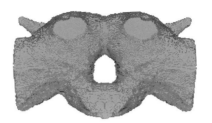

図 9.6　脳外形モデル

存するが，どちらかの設定でうまくいくだろう）結合することで，図 9.5D のような左右対称の脳画像が得られる．これは SBShapeSym.tif で保存してある．

こうして得られた平均の脳画像の外形は Plugins→Segmentation→3Dviewer で図 9.6 のように 3 次元画像として表示できる．生成された脳外形モデルは WB.obj として保存されている．

9.1.3　標準脳画像の作成

ここまでの作業で，平均脳画像（標準脳）の 3 次元外形が作成された．ここでは，共焦点レーザ顕微鏡で撮影したカイコガの脳組織の連続画像（共焦点連続画像）を平均脳画像（標準脳）にランドマークを基準として剛体変換により埋め込んでみよう．基本的な操作は，「9.1.1 脳画像の位置合せ」と同じである．

埋め込むサンプル画像は，「比較神経科学プラットフォーム（CNS-PF）」のデータベースに登録された BrainImages 内の画像データ（sample3F.tif）を使用する．この sample3F.tif は，カイコガの脳内構造が比較的明瞭に区別できる画像である．ここでは，脳の左右差を考慮する必要がないようにサンプル画像データ（sample3F.tif）から左右対称の脳画像を作成し，すでに作成した左右対称の脳平均画像（標準脳 SBShapeSym.tif，図 9.5）に埋め込んでみる．

① 左右対称の脳画像の作成：前節と同様に sample3F.tif を読み込む．脳を縦に半分にする正中線が画面の中央，垂直に来るように Image→Transform→Rotate（角度を変える）または Translate（上下左右に移動）で調整する．Fiji Toolbar の左端にある Rectangle Tool アイコン □ を選択し，使用する側半分の画像をドラッグしながら囲み，Image→Crop で切り出す．切り出した画像を図 9.7A に示した．

今回使用している画像（sample3F.tif）は 512×512 ピクセルの画像であるの

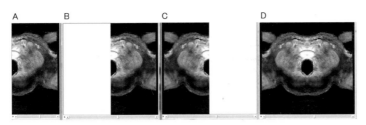

図 9.7 左右対称画像 (sample3Fsym.tif)
A:Rectangle Tool で切り取った画像.B:A の画像をもとのサイズに戻した画像.
C:B の左右対称画像.D:B と C の画像を結合した左右対称の平均脳画像.

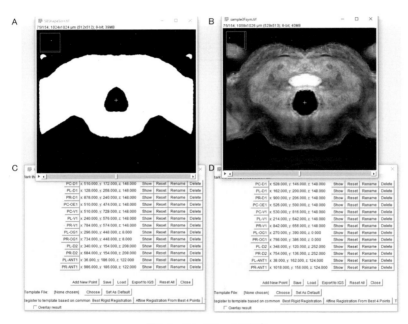

図 9.8 ランドマークの設定
A:脳の標準脳外形 (SBShapeSym.tif), B:左右対称の脳画像 (sample3Fsym.tif),
C:脳の標準脳外形のランドマーク設定画面 (Marking up ウィンドウ), D:左右対称の
脳画像のランドマーク設定画面.

で, Image→Adjust→Canvas Size でもとのサイズである 512 ピクセルと設定し, Position は図 9.7A のように右半球を切り取った場合は Center Right を選択することにより, 図 9.7B が表示される.

次に, 図 9.7B の画像を Image→Duplicate (Duplicate stack にチェック) で複製し, Image→Transform→Flip Horizontally で左右を反転することで,

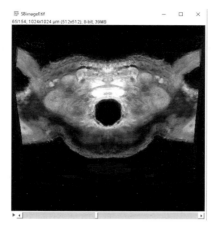

図 9.9 標準脳画像（SBimageF.tif）
標準脳にレジストレーションした脳画像．

左右対称の画像（図 9.7C）を得る．さらに，Process→Image Calculator→Operation は OR または AND に設定し，結合すれば，図 9.7D のように左右対称の画像が得られる．すでに保存したものが，sample3Fsym.tif である．

② **平均脳画像の標準脳への合わせ込み**：次にこの左右対称の脳画像（sample3Fsym.tif）を，12 個体を使用して作成した標準脳外形（SBShapeSym.tif）に合わせ込む．sample3Fsym.tif，SBShapeSym.tif を読み込み，それぞれ Plugins→Landmarks→Name Landmarks and Register でランドマークを設定する（図 9.8）．両方のランドマークをあらかじめ設定したファイル（それぞれのデータ名＋.point）を BrainImages フォルダに入れてあるので，自動的に読み取られる（sample3Fsym.points, SBShapeSym.points）．

sample3Fsym.tif（左右対称脳画像）のランドマーク設定画面（Marking up ウィンドウ）において，テンプレートとして脳の標準脳外形（SBShapeSym.tif）を設定し，Thin-Plate Spline をクリックすることで左右対称脳画像を標準脳外形に合わせて変形すると，図 9.9 のように表示される．この結果は，すでに SBimageF.tif として保存してある．

9.2 セグメンテーションと標準脳へのレジストレーション

以上で，標準脳画像が準備されたので，次に脳内のモジュール構造やニューロ

ンを実際に抽出し,さらにそれらを標準脳に組み込む作業を行ってみよう.これにより,モジュール構造やニューロンの構造を3次元的に確認でき,標準脳内でどのような位置に配置されているかもわかるようになる.さらには,データベースに登録されている個々のニューロンを標準脳に配置(レジストレーション)することで,神経回路を明らかにすることができる.

9.2.1 脳内モジュール構造のセグメンテーション

脳内のモジュール構造などを抽出(セグメンテーション)するには,ITK-SNAP(8.2.2項参照)を用いる.ここでは,カイコガの匂いの情報を処理する脳内のモジュール構造である触角葉の糸球体〔図3.3A, B〕のセグメンテーションを行ってみよう.使用するデータはAntennalLobeのフォルダにある(**注意:ITK-SNAPで用いるデータファイルのフォルダ名,ファイル名は半角英数字にしておくこと.日本語名をつけるとファイルが開けない**).

まず,ITK-SNAPを起動し,触角葉糸球体の共焦点連続画像(ALsample1.img,またはALsample1.hdr)を読み込む.ファイルは,File→Open Main Imageで開く.Next→Finishで読み込みを実行すると,図9.10のように3方向からの画面が表示される.各画面の右側にあるスクロールバーを動かせば,カイコガの触角葉の糸球体が,連続した共焦点画像として確認できる.

各画面右スクロールバーの上方に表示されている A (Axial) S (Sagittal) C (Coronal)を選択することで,選択した画面のみが表示される.4分割画面に戻す時は田をクリックする.

Main Toolbar(図9.10③)の🔍虫眼鏡ツールを選択すれば,画像の拡大・縮小ができる.画面上で右クリックしたままカーソルを動かすことでも同様に拡大・縮小ができる.左クリックしてドラッグすれば画像の位置が変わる.画像の明るさは,Tools(図9.10②)→Image Contrast→Contrast Adjustmentで表示されるグラフ中の黄色と赤色の○をドラッグすることで調節する.

セグメンテーションは,脳内のモジュール構造などを切り出す作業である.ここではITK-SNAPのセグメンテーションツールとこれらを用いた作業例を紹介する.

①ITK-SNAPを用いたセグメンテーションの実際:触角葉の大糸球体を例に,実際にセグメンテーションの方法を紹介する.図9.10左上の画像のように

9.2 セグメンテーションと標準脳へのレジストレーション

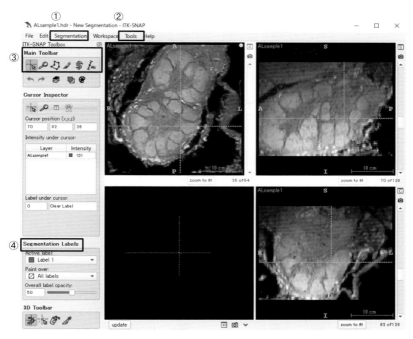

図 9.10 ITK-SNAP で画像ファイルを読み込んだ時の画面
各画面は異なる方向から見た連続画像.

表示されている画像を選択し，これを使って作業を進めよう．Main Toolbar の Polygon Tool を選択し，ドラッグしながら，抽出する領域をトレースする．トレースが完結していない場合は，画面右下に complete が表示されるので，これをクリックする．領域として決定する場合は accept を選択すれば，領域は塗りつぶされる．この操作を画像ごとにスクロールバーで深度を変えて各画像ごとに塗りつぶされていない構造がなくなるまで行う．図 9.11（口絵 6）は，大糸球体の一部の構造（トロイドと呼ばれる領域）をトレースして塗りつぶし，セグメンテーションした様子を示している．

同様の作業をラベルを変えながらすべての糸球体について行っていく．異なる構造をセグメンテーションする場合には Tool box の下方，Segmentation Labels（図 9.10 ④）の Active label のプルダウンでラベルを変更する．初期設定ではラベルは 1 から 6 まで登録されている．

② **ラベルの追加と削除**：セグメンテーションする構造の数が 6 つ以上になり，

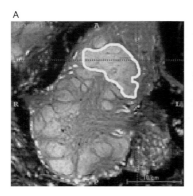 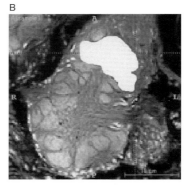

図 9.11（口絵 6） ITK-SNAP を用いたセグメンテーション
A：構造をトレース後に complete をクリックした状態．B：accept により，トレースした構造が塗りつぶされる．

図 9.12 Label Editor

ラベルを追加したい時や，色を変えたい時は，Segmentaion（図 9.10 ①）のプルダウンメニューから Label Editor（図 9.12）を選択し，New で新しいラベルを追加する．Selected Label の Color で色を選択し，ラベルの名称は，Selected Label の Description で変更できる．ラベル全体の削除は，Label Editor から削除するラベルを選び，Delete する．ラベルの一部分のみを修正したい時は，該当するラベルを Active label において選択した後，Paintbrush Mode（図 9.10 ③）を選択しマウスの右ボタンを押しながら消したい領域上をなぞって色を消していくか，左ボタンを押しながら色を足していく．

　③**3 次元形態の再構築**：セグメンテーションした領域の 3 次元構造は，4 分割画面の左下の update で再構築でき，図 9.13（**口絵 7**）左下のように表示される．

9.2 セグメンテーションと標準脳へのレジストレーション 115

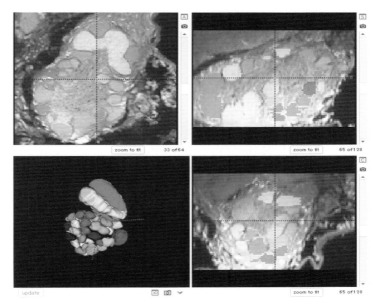

図 9.13（口絵 7） 抽出された領域と 3 次元構築結果
触角葉内の複数の糸球体を色を変えてセグメンテーションした結果を示している．画像を表示している 4 つのウィンドウの上部および右下のパネルは異なる 3 方向からスライスした画像であり，左下では抽出された領域を 3 次元表示することができる．

ドラッグすることで回転させることができる．

　④**セグメンテーション結果の保存と読み込み**：セグメンテーションしたデータは，Segmentation→Save Segmentation Image で保存する．file format はプルダウンより NIfTI（現在は圧縮した形式で保存するため *.nii.gz の拡張子がつく）を選択し，保存する．なお，こちらで抽出を行った結果はすでに AntennalLobe フォルダ内に ALsample1Seg.nii.gz として保存してある．

　次回作業する時は，保存したファイルを次の 2 つのステップで読み込む．まずもとの画像ファイル *.hdr または *.img を読み込み，次に，Segmentation→Open Segmentation→Browse→*.nii.gz により，セグメンテーション結果のファイルを選択する．

　注意：使用しているコンピュータのメモリサイズによっては，途中でコンピュータがフリーズすることがあるので，こまめに保存することを薦める．

　⑤**ParaView による 3D モデルの表示**：3 次元表示ソフトである ParaView

116　　　　　　　　　　9. 標準脳の作成の実際

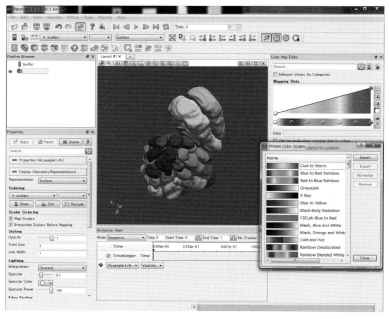

図 9.14　Paraview の画面（ALsampl1.vtk を表示した）

図 9.15　セグメンテーションした構造の体積

（8.2.3 項参照）で抽出した領域の 3 次元構造を表示できる．そのためには，ITK-SNAP において抽出した領域の 3 次元構造を以下の手順で保存しておく．Segmentation→Export as Surface Mesh を選択し，Export meshs for all labels as a single scene→Next をクリックし，ファイル名＋.vtk の拡張子（ここでは ALsample1.vtk）を入れる．File Format が VTK PolyData File となっている状態で保存する．

表示は以下の手順で行う．Paraview を起動し，File→Open で，*.vtk ファイル（ここでは，ALsample1.vtk）を読み込み，左側の Properties ウィンドウの Apply をクリックすると表示される．Representation は surface, Coloring は scalars とする（図 9.14）．

なお，ITK-SNAPでは，Segmentation→Volumes and Statistics でセグメンテーションした領域の体積を計測することができる．volume に体積が表示される（図 9.15）．

9.2.2　脳内モジュール構造の標準脳へのレジストレーション

セグメンテーションされた脳内の組織（モジュール構造）を標準脳に合わせ込むことで，脳全体における位置関係を明瞭に示すことができる．この作業がレジストレーションである．レジストレーションは，セグメンテーションを行った脳画像と標準脳画像において対応するランドマーク点を設定し，この点を基準として合わせ込むことによって行う．

ここでは，すでに作成してある触角葉の糸球体構造を標準脳にレジストレーションしてみよう．使用するデータは ALregist のフォルダにある．

Fiji を起動し，セグメンテーションした触角葉のデータ ALsample1Seg.nii.gz を読み込み，File→Save As→Tiff で保存する．ここでは，すでに tif フォーマットで ALsample1Seg.tif として保存してあるので，それを読み込み，Plugins→Landmarks→Name Landmarks and Register をクリックして，Landmark 設定画面を表示すると，あらかじめ設定しておいた触角葉画像のランドマーク情報（ALsample1Seg.points）が自動的に読み込まれる．標準脳画像ファイル（SBimageF.tif）も読み込み，この画像が表示されているウィンドウをクリックしてアクティブにし，同様に Plugins→Landmarks→Name Landmarks and Register をクリックするとランドマーク情報（SBimageF.points）が自動的に読み込まれる．

画像のコントラストは，Image→Adjust→Color Balance で調整する．ALsample1Seg.tif のランドマーク設定ウィンドウで Choose をクリックし Template を標準脳（SBimageF.tif）に設定した後，Overlay result にチェックをいれ，Thin-Plate Spline Registration をクリックすると，図 9.16 のように表示される．その結果は File→Save As→Tiff で保存することができる．これはす

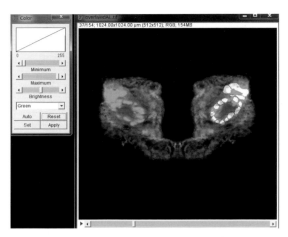

図 9.16 セグメンテーションした領域（触角葉）を標準脳
 (SBimageF.tif) にレジストレーションした結果
 (overlayedAL.tif)

でに，overlayedAL.tif として保存してある．また，重ね書き（Overlay）をせず
にレジストレーションした結果は，transformedAL.tif として保存した．

9.3 SIGEN を用いたニューロンのセグメンテーション

ガラス微小電極にルシファーイエローなどの蛍光染色液を入れ，この電極を
ニューロン内に刺入することによって，単一ニューロンを染め出すことができる
（5.1.3 項参照）．染色されたニューロンについては，共焦点レーザ顕微鏡を用い
ることにより，焦点面を変えながら撮影ができ，その3次元構造を反映した連続
画像（共焦点連続画像）が得られる．

この画像からニューロンを抽出するには，背景とニューロンを分離する必要が
ある．目的とするニューロン領域と背景を2値（通常は明るさレベル 255 と 0 に
分ける）に分離する処理は2値化処理と呼ばれ，Fiji においては Image メニュー
にある Adjust→Threshold 機能を用いることによって，分離する境界値（閾値）
を設定し，実行することができる．また，画像ピクセルの明るさレベル値の分布
から自動的に閾値を決定するアルゴリズムも提案されており，Fiji のプラグイン
として公開されている（8.2.1 項参照）．これらを導入，利用することによって，
統計的に裏づけのある処理に基づいた2値化も可能である．

ニューロンのような複雑な3次元形態を正確に，かつ，効率よく抽出するためのソフトウェア開発も進められているが，ノイズを含んだ2次元画像系列から3次元物体を抽出するのは簡単ではない．筆者らが開発したフリーソフトSIGENは，ニューロンのある枝の端点から隣接するボクセル（3次元画像を構成する1画素）を辿っていきながら，樹状の形態を自動的にトレースしていくものである．ニューロンの樹状突起が切れていると判断する距離（distance threshold：DT）と樹状突起の一部であると判断する枝のサイズ（volume threshold：VT）などを設定することで形態抽出を自動的に行うことができ，ニューロンの3次元形態を円筒形の物体（シリンダー）で繋いだ樹形モデルが得られる．

ニューロンの3次元形態情報は，SWC形式（http://research.mssm.edu/cnic/swc.html）で得られる．SWC形式はニューロンの形態を表現するデータ形式として広く使用されている形式であり，この形式のデータを使って，標準脳へのレジストレーション，NEURON（後述）などのシミュレータを用いてニューロンの応答シミュレーションなどを行うことができる．なおSWC形式の詳細については，10.8節を参照してほしい．

以下では，SIGENを用いてニューロンの形態を実際に抽出するが，まずはそのステップの概略を示し，その後具体的な手順を説明しよう．SIGENのダウンロード，インストールについては，8.2.3項「その他のソフトウェア」を参照されたい．

a. SIGENによるニューロンの形態抽出の概要

①**共焦点連続画像の連結**：ニューロン形状を共焦点レーザ顕微鏡で撮影する場合，解像度を上げるために高倍率で撮影することになり，一度にニューロン全体が撮影できない場合がある．この時ニューロンは，分割して撮影されるので，それらを結合した共焦点連続画像を作成する（図9.17A）．

②**2値化画像の作成**：ニューロンの形態が写った共焦点連続画像で，ニューロンと背景に分離した2値化画像を作成し保存する（図9.17B）．

③**セグメンテーション**：SIGENのGUIプログラムを起動し，②で作成した2値化画像を読み込む．水平方向，鉛直方向のスケール，必要に応じて補間処理の条件を設定する．セグメンテーションによって，ニューロンのある基点ノード（細胞体や特徴的な分岐点）を基準にニューロンの形態が抽出される．基点ノードは抽出後に変更できる（図9.17C）．

④**セグメンテーション結果の表示と編集**：抽出されたニューロンの形態が線図として表示されるので，抽出結果が妥当かどうかを確認する．出力結果はSWC形式のファイルとして保存する．SWCファイルはVaa3Dという3次元形態表示ソフトウェアを使うことで，その3次元形態を詳細に観察することができる（図9.17D）．また，SIGENではSWCファイルからVTKフォーマットのデータファイルを生成することができる．VTKフォーマットのデータ表示には，ParaViewなどさまざまなフリーソフトウェアを利用することができる．

それでは，以上概説したニューロンの共焦点連続画像の連結，2値化，そして形態抽出（セグメンテーション）を実際のニューロン画像データを使いながら行ってみよう．以下で使用するデータのファイルは，Neuronフォルダ内にある．

b. 共焦点連続画像の連結

ニューロン形状を分割して共焦点レーザ顕微鏡で連続画像として撮影した場

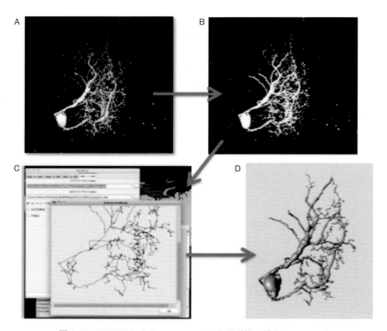

図9.17 SIGENによるニューロン3次元形態の抽出のステップ
A：ニューロンの共焦点連続画像（Z軸方向に投影した結果）．B：2値化によりニューロンと背景を分離した画像．C：SIGENによるニューロンの形態抽出結果．D：ニューロン形態抽出結果の3次元表示．

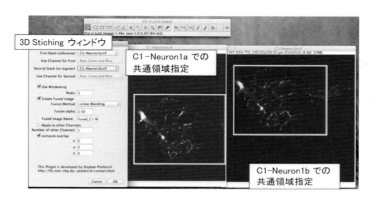

図 9.18 2つの共焦点連続画像（C1-Neuron1a.tif と C1-Neuorn1b.tif）における共通領域の指定と3次元連結処理
C1-Neuron1a, C1-Neuron1b で共通に写っている部分を Rectangle Tool で選択し，プラグインの 3D Stitching を起動して連結する．

合，それらを連結して1つの共焦点連続画像とする必要がある．今回，サンプルとして使用するニューロン画像（Fused_Neuron1.tif）も，C1-Neuron1a.tif と C1-Neuorn1b.tif という分割して撮影された2つの画像を連結したものである．以下では，このように分割され撮影された3次元連続画像を Fiji により連結する方法を説明する．

①連結する2つの共焦点連続画像（C1-Neuron1a.tif と C1-Neuorn1b.tif）を Fiji で読み込み，表示する．

②Rectangle Tool □ を用いて，図 9.18 に示すように2つの画像について xy 方向で共通部分（連結領域）を囲む．この時，2つの画像において指定した矩形領域（xy ともに）はできるだけ一致させておくことが大切である．

③メニューから Plugins→Stitching→deprecated→3D Stitching を選択する．これによって条件設定のウィンドウが表示されるが，連結領域が適切に設定されていれば既定条件で問題なく連結できるので，単に OK をクリックする．

④連結された画像は別のウィンドウに表示されるので，tiff 形式で保存する．ここではすでに，Fused_Neuron1.tif として保存してある．

c. 2値化画像の作成

連結した画像（Fused_Neuron1.tif）についてニューロンの輝度値を 255, 背景部分の値を 0 に分離する2値化処理は，Fiji を用いて以下の手順で行う．

①Fiji にニューロン画像（Fused_Neuron1.tif）を読み込み，Image→

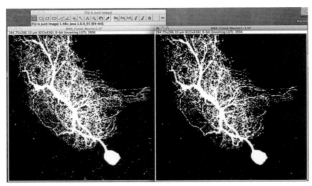

2値化画像　　　　　　　ノイズ除去後の画像

図 9.19　2値化処理後の画像とノイズ除去後の画像

Adjust→Threshold により 2 値化処理を選択，Dark background をチェックし，ニューロンが白，背景が黒となるようにスライドバーを設定する．このサンプルでは，閾値（上部のスライドバーを）35 程度に設定するとよい．

② Apply をクリックし，Convert Stack to Binary ウィンドウで Black background（of binary masks）をクリックする．これによって，ニューロンが白くなり，背景が黒く表示される．

③ 2 値化した結果の画像内でカーソルを移動させて，Fiji のメニューウィンドウに表示される値により，背景の値が 0，ニューロン部分が 255 になっていることを確認し，tiff ファイルとして保存する．もしもこれらの値が逆転している場合は，Edit→Invert を使って，値を反転させてから保存する．なお，この処理を行った結果の例は，Fused_Neuron-1bin.tif として保存してある．

④ 2 値化画像についても，Image→Stacks→Z Project（Max Intensity を選択）により Z 軸方向へ重ね描きしてみて，その結果にノイズ（ゴミ）が多い場合は，Process→Noise→Despeckle や Remove Outliers 操作によりノイズを除去する．これらの処理結果を図 9.19 に示した．

2 値化処理を行った画像系列を保存するには，フォルダを適宜作成し，File→Save As→Image Sequence を選択する．Save Image Sequence ウィンドウで，Format を BMP に設定し，OK アイコンをクリックして，BMP 連番画像として保存する．ここではすでに BMP フォルダに BMP 連番画像を C1-030715_2p4_sw_bin_ed0000.bmp～C1-030715_2p4_sw_bin_ed0146.bmp として保

存してある.

なお,Fiji には最大エントロピー法(Maximum Entropy Threshold)などを用いて自動的に2値化を行うプラグインなども提供されており,目的や画像に応じた処理を選択することができる(http://fiji.sc/Maximum_Entropy_Threshold).

d. セグメンテーション

以上で,ニューロンの2値化画像が得られたので,SIGEN を用いてニューロン構造の抽出(セグメンテーション)を行う.

①SIGEN フォルダ内の SIGEN_UI.exe をダブルクリックして起動する(図9.20).

②SIGEN UI ウィンドウにおいて「入力画像フォルダ」下の空欄には記入せずにその右端にある をクリックし,BMP 画像系列を保存してあるディレクトリ名を選択→Open し,「出力ファイル」も同様に下の空欄には記入せずその右端にある をクリックし,保存するディレクトリを選び,ファイル名を設定する.ファイルの種類は swc とする(図9.20).「ピクセル間解像度」に水平方向のスケール,「画像スライス間解像度」に鉛直方向のスケールを入力する.なお,これら

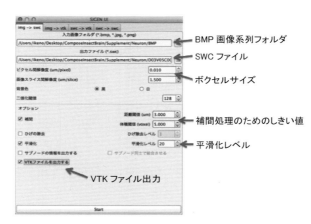

図 9.20 SIGEN におけるセグメンテーション条件の設定
BMP 画像系列フォルダは共焦点レーザ顕微鏡画像を2値化し,BMP の連番画像ファイルとして保存したフォルダの名前,swc ファイル名は結果を保存するファイル名,ボクセルサイズは水平・鉛直方向のスケール値を設定する.補間処理のしきい値,平滑化レベルは結果を確認しながら適切な値を選ぶ.VTK ファイルを出力する場合はチェックボックスを選択しておく.

のスケール値は，Fiji においてもとのニューロン画像 Fused_Neuron1.tif を読み込み，Image→Properties により表示される Pixel width, Voxel depth 値を設定する．

③swc ファイル名は自由に設定できるので，もとのデータ名やセグメンテーションを行った条件などを使って決めるとよいだろう．なお，筆者らは，セグメンテーションの条件を swc ファイル名に含め，「補間」（Interpolation）を設定しない時は D00V00（D と V はそれぞれ補間の条件である Distance, Volume に対応）とし，棘状の枝を取り除く「ひげ除去」（Clipping）処理をしない時は C00，抽出した形状を滑らかにする「平滑化」（Smoothing）処理をしない場合は S00 としている．このようにルール化しておくことで，同じ処理を再現したい時には，ファイル名をもとにパラメータ値を設定すればよいので便利である．例えば，「距離閾値」を 3,「体積閾値」を 5,「ひげ除去」なし,「平滑化」を 20 とする場合は，D03V05C00S20.swc というようなファイル名とする．

④「VTK ファイルを出力する」もチェックし，Start バーをクリックすることで，ParaView で使用できる VTK 形式のファイル（D03V05C00S20.vtk）を同時に出力することができる．

⑤セグメンテーションの処理は，簡単な構造の場合は数分で，複雑な場合でも 10 分程度で終了する（ただし，この処理時間は使っているコンピュータの速度，メモリサイズに依存する）．

e. セグメンテーションの基点ノードの変更

こうしてセグメンテーションされた結果では，抽出のスタートとなるノード点（基点ノード）は，コンピュータによって自動的に決められる．細胞体の中心点や特徴的な分岐点など，形態的に意味がある点をスタートの点として設定し直すには，以下の処理を行う．

①SIGEN UI ウィンドウにおいて，swc→swc タブをクリックし，作成された swc ファイル名を「入力ファイル」，新しく作成するファイル名を「出力ファイル」として設定する．

②「ルートノードを変更する」を選択し，Start バーをクリックするとニューロンの骨格画像が表示される（図 9.21）．

③基点に設定したいノード（枝の端点あるいは分岐点）をクリックすると，そのノードが赤から青に変わるので OK をクリックする．

9.3 SIGENを用いたニューロンのセグメンテーション

図 9.21 基点ノードの変更

④swc→vtk タブをクリックし，今，基点を変更した swc ファイル名と vtk ファイル名を入力し，Start バーをクリックする．

⑤これによって，基点ノードが変更された swc ファイルと vtk ファイルが生成される．

f. セグメンテーション結果の3次元表示・編集・確認

swc ファイルと同時に作成された vtk ファイルは，ParaView を使って3次元表示することができる．ParaView を起動し，vtk ファイルを読み込むとニューロンを構成する分枝の中心線が3次元表示される．青から赤に変化する枝の色は，スタートとなるノード点（基点ノード）からの距離を反映しており，これによって分枝の接続状態をチェックすることができる．

SIGEN によるニューロン形態の自動抽出では，枝にループが生じた場合に，必ずしも適切なノードで切断されず，太い枝で切ってしまう場合がある．このような場合は，cvapp（https://github.com/pgleeson/Cvapp-NeuroMorpho.org/）や neuTube（http://www.neutracing.com/）などを用いて，手動により分枝の接続を修正するとよい．つまり，ParaView によって基点ノードからの距離やノード間の接続状態を追っていき，cvapp, Vaa3D, neuTube などを使ってニューロンの3次元形態を表示し，ノード間の接続を変更していくことにより妥当な形態モデルが得られる（図 9.22）.

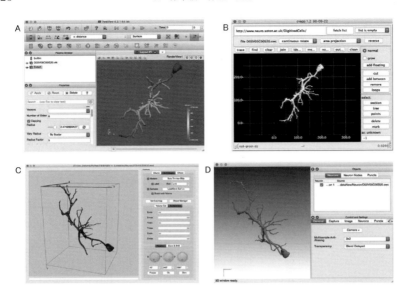

図 9.22 さまざまなソフトウェアで表示したニューロンのセグメンテーション結果
A：ParaView，B：cvapp，C：Vaa3D，D：neuTube

g. cvapp を用いたノード点の変更

　cvapp を起動し，swc ファイルを読み込むとニューロン樹状突起の中心線が表示される．表示ウィンドウ上部にある nodes や outline ボタンをクリックすることで，ノード点や分枝の外形（アウトライン）を表示させることができる．なお，このソフトではニューロンの移動や表示方向の変更は次の操作で行う．平行移動は左ボタンを押しながら，回転は shift キーを押しながら，画面に垂直な面での回転は右ボタンを押しながらマウスを移動させる．単なるマウスボタンのクリックは，左がズームイン，右がズームアウトである．

　ノードを削除してノード間の接続を切る場合は，nodes でノードを表示しておき，表示ウィンドウの右にある remove をクリックした後，該当するノードをクリックする．ノード間を新たに連結する場合は，表示画面の上にある join ボタンをクリックし，接続する 2 つのノードを順次クリックする．連結によってループが生じたかどうかは，ノード表示，アウトライン表示を止めて，表示画面の右にある loop をクリックする．loop になっている部分が黄色のラインで表示されるので，cut を選択した後，樹状突起の細い部分など適切なノード間の接続部分をクリックして切断することで，loop を解消することができる．

h. Vaa3D を用いたノード点の変更

Vaa3D では，Vaa3D 起動とともに表示されたウィンドウに swc ファイルをドラッグ＆ドロップすることで，セグメンテーションされたニューロンの形態が表示される．ニューロンの上にマウスを移動させて右ボタンを押すことで，メニューが表示されるので，そこから edit this neuron を選択する．ニューロンを構成する枝ごとに異なる色で表示されるので，編集対象の枝にマウスを移動させ右ボタンを押して編集メニューを表示させる．break the segment using nearest neuron-node により枝を分割、the nearest neuron-segment により枝を消去することができる．編集を終える時は，finish editing this neuron を選び，save the selected structure to file により保存する．

i. neuTube を用いたノード点の変更

neuTube を起動し swc ファイルを読み込むことで，セグメンテーションされたニューロンの形態が表示される．シフトキーを押しながらマウスを移動させるとニューロンの表示位置を変えることができ，マウスの左ボタンを押しながらマウスを移動させることで回転できる．ホイールを回すことで，ズーム，アンズームを行うことができ，直感的な操作でさまざまな方向から観察ができる．対象とするノードをマウスの左ボタンをクリックすることで選択し，マウスの右ボタンを押してメニューを表示させて Delete を選ぶことでそのノードを削除することができる．編集した結果を保存するには，Control and Settings のウィンドウの Geometry において Normal を選択し，ニューロンをマウスの左ボタンでクリックした後（これでニューロン全体が選択され，黄色い枠で囲まれる），マウスの右ボタンで表示されるメニューから Save as を選んで保存する．

j. 抽出結果の確認

swc ファイルは次のように Fiji の NeuroRegister プラグインを使って3次元の線画像データに変換することで，もとの共焦点連続画像と比較することができる．

Fiji においてもとの共焦点連続画像（Fused_Neuron1.tif）を開き，Plugins → NeuroRegister → SWC Tools で swc ファイル（D03V05C00S20.swc）を選択し，表示の際の XY 方向のピクセル数，Z 軸方向の画像枚数およびスケールをもとの共焦点連続画像に合わせて設定する（図 9.23）．この例では図 9.23 の値を入力する．これにより swc ファイルから再構成したニューロンの中心線画像が表示

128   9. 標準脳の作成の実際

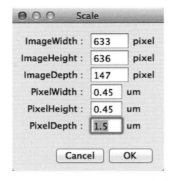

図 9.23 NeuroRegister の SWC Tools におけるスケール設定
スケールパラメータとして，再現する画像のサイズ（ImgeWidth, ImageHeight），スライス画像の枚数（ImageDepth），水平方向のピクセルあたりのサイズ（PixelWidth, PixelHeight），画像間の深さ方向の距離（PixelDepth）を設定する．

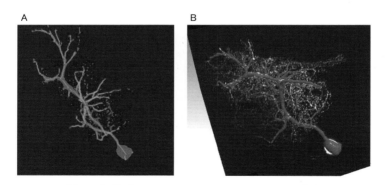

図 9.24（口絵 8） Fiji, neuTube による swc ファイルの表示
A：抽出した形態を赤線でもとの画像（青）に重ねて描き，Z方向に投影した（Fiji：Image→Stacks→Z Project（Max Intensity を選択）．B：ニューロンの3次元形態をもとの画像に重ねて回転させて表示した（Image の Z Scale を 1.5, X と Y Scale を 0.45 に設定）．

される．ここで使うファイルは Neuron フォルダにある．

Image→Color→Merge channels により swc ファイルから再構成されたニューロン画像（swc ファイル）を ch1（赤），共焦点連続画像（Fused_Neuron1.tif）を ch2（緑）あるいは ch3（青）としてカラー画像を生成すると，緑あるいは青の共焦点連続画像の上に抽出されたニューロンの分枝が赤で表示されるため，抽出の程度を確認することができる（図 9.24；口絵 8）．

9.4 KNEWRiTE を用いたニューロンのセグメンテーション

前節では，ニューロンのセグメンテーションの方法として，SIGEN を用いる方法を解説したが，共焦点レーザ走査型顕微鏡などで得られた神経細胞形態 3 次元画像には，ノイズや異物などが含まれており，ニューロンの詳細な形状を自動的に抽出することは難しい．そこで，筆者らは KNEWRiTE と呼ばれる，抽出を手動と自動の両方を組み合わせることで，より詳細な形状モデルを得るためのソフトウェアの開発も行ったのでこちらも紹介しよう．

KNEWRiTE（https://github.com/sc4brain/knewrite/）は，東京大学先端科学技術研究センター・神崎研究室の佐藤陽平氏（当時）によって開発されたソフトウェアである．

KNEWRiTE では，自動抽出の結果を確認しながら領域ごとに閾値を変えて再抽出を行う，自動抽出が困難なところは手動で抽出を行うといった半自動抽出法を採用している．より詳しい情報を知りたい方は，先ほどの Github のページ，または引用・参考文献（Ikeno ら，2012）を参照していただきたい．まず，NeuronStructure.exe をダブルクリックして KNEWRiTE を開こう．

9.4.1 KNEWRiTE の構成

KNEWRiTE は 4 つの操作用ウィンドウと，2 つの表示用ウィンドウを持っている．各ウィンドウは，左上のボタンと対応しており，機能は以下の通りである．

a. 操作用ウィンドウ

S Stack Image Controller（図 9.25）：スタック画像（2 次元画像の重ね合せにより，3 次元画像を表現する形式）を操作するためのウィンドウ．ファイルの読み込み（File Load）や書き出し（File Save），表示（View Control）だけでなく，テスト用画像（図）の生成（Image Processing）や，スタック画像からの形態抽出（Extraction）を行うことができる．

E Extracted Data Controller（図 9.26）：Stack Image Controller によって抽出を行ったシリンダー形態の操作を行う．Cluster 形式と呼ばれる独自形式のファイルの読み込み（File Load）や，HOC，SWC，Cluster 形式でのファイルの出力（File Save）のほか，複数のシリンダー形態の接続（Processing）や表示（View Control）の制御を行うことができる．

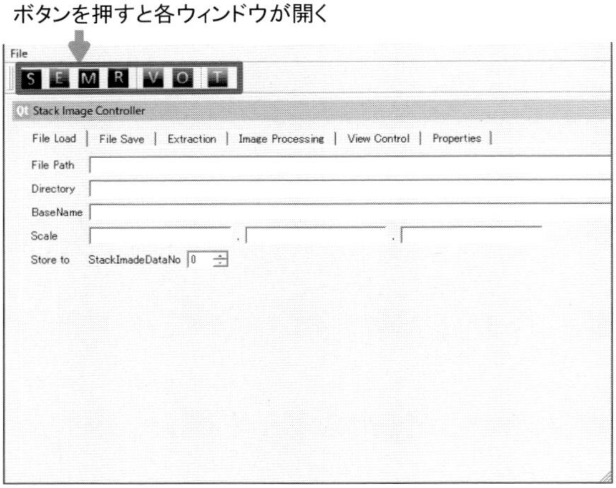

ボタンを押すと各ウィンドウが開く

図 9.25 操作ウィンドウと Stack Image Controller ウィンドウ

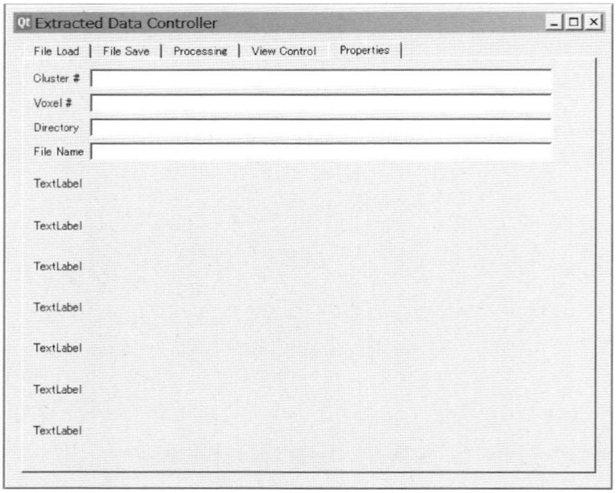

図 9.26 Extracted Data Controller ウィンドウ

　■ Manual Tracing Tool（図 9.27）：抽出を行ったシリンダー形態の編集を行うためのウィンドウ．新たなノードの作成や削除を行うことができる．

　■ View Control（図 9.28）：View ウィンドウの操作を行うことができる．X, Y, Z 各軸を中心とした回転角度を設定できるほか，視点を XY 平面，YZ 平面，ZX 平面それぞれから見た状態にリセットすることができる．

9.4 KNEWRiTE を用いたニューロンのセグメンテーション

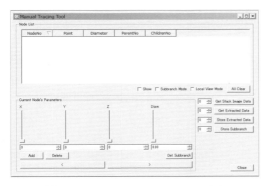

図 9.27 Manual Tracing Tool ウィンドウ

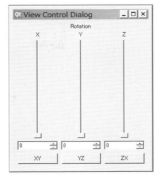

図 9.28 View Control ウィンドウ

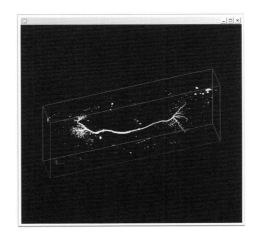

図 9.29 View ウィンドウ（細胞の形態を読み込んだ状態）

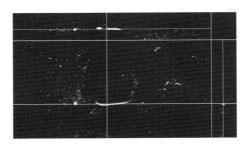

図 9.30 Ortho View ウィンドウ（読み込んだスタック画像をある面で切り取った三面図）

b. 表示用ウィンドウ

　🆅 View（図 9.29）：スタック画像やシリンダー形態を表示することができる．マウスでのドラッグや View Control ウィンドウにより，回転・拡大といった操作を行うことができる．

　🅞 Ortho View（図 9.30）：読み込まれているスタック画像やシリンダー形態を任意の X, Y, Z 面で切り出した三面図を表示することができる．面の指定は Stack Image Controller ウィンドウの View Control タブ内にある，Pointer で指定することができる．

9.4.2　自動抽出法

　まずは最も簡単な自動抽出法について解説を行う．KNEWRiTE では，以下のような流れで細胞形態を自動抽出することができる．

　①細胞のスタック画像の読み込み
　②抽出開始点の設定
　③形態抽出の開始
　④形態抽出結果の確認
　⑤形態抽出結果の保存

順に見ていこう．

　① **細胞のスタック画像の読み込み**：まず抽出対象となる細胞の 3 次元形態を読み込む必要がある．KNEWRiTE は，連番ビットマップにしか対応していないため，もとの画像が TIFF 形式などの場合は，事前に Fiji で連番ビットマップ形式に変換しておこう．前節で使用したニューロン画像（Fused_Neuron1.tif）をビットマップ形式に変換したものをすでに Neuron フォルダ内の BMP フォルダに保存してあるのでここではこれを使おう．その際に，フォルダ名やファイル名に日本語が入っていると読み込みに失敗することがあるので，気をつける必要がある．読み込み手法は Stack Image Controller の File Load タブから，連番画像の 1 枚目の画像を選択し，その画像で表されている 1 ボクセルは実際のスケールでは何 μm に対応しているかを Scale に入力した上で，Load ボタンを押そう．これらのスケール値は，Fiji において元のニューロン画像 Fused_Neuron1.tif を読み込み，Image→Properties により表示される Pixel width, Pixel height, Voxel depth 値である．ここではそれぞれ 0.45, 0.45, 1.5 を入力した．

9.4 KNEWRiTE を用いたニューロンのセグメンテーション

図 9.31(口絵 9)　KNEWRiTE による細胞の 3 次元形態の表示

正常に読み込まれれば，左上に表示されているメニューの V ボタンを押すことで現れる View ウィンドウに 3 次元形態が表示される（図 9.31；**口絵 9**）．

② **抽出開始点の設定**：次に，どこから抽出を開始するかを設定する必要がある．それには Stack Image Controller の View Control タブにある Pointer を用いる．Pointer のスライドバーを動かすと，View ウィンドウ内の赤，青，緑の線が動くのがわかると思う．これで，細胞の任意の点を指定することで，その場所から抽出が開始されることになる．左上の R ボタンを押し，View Control を表示させ，XY，YZ，ZX のボタンを押すと，それぞれ XY，YZ，ZX 各面からの表示となり，2 次元的に Pointer を操作することができるため，選択が楽になる．

③ **形態抽出の開始**：Stack Image Controller の Extraction タブを用いて抽出を行う．Start Point の Ref. View ボタンを押すと，現在 Pointer が指し示している値が入力される．Binary Threshold についても同様に Ref. View ボタンを押すと，現在 Pointer が指し示している場所の輝度値が入力されるので，この値のおよそ半分程度の値を入力し直すとよい（これは，周囲のノイズ度合いなどによっても調整する必要がある）．値が入力できたら，Extract ボタンを押すことで，抽出が開始される．なお，これにはしばらく時間がかかる．抽出が無事に成功すれば，Extraction has been finished というメッセージが表示される．

④ **形態抽出結果の確認**：形態抽出結果の操作には，左上のメニューの E ボタンで表示される Extracted Data Controller を用いる．Extracted Data

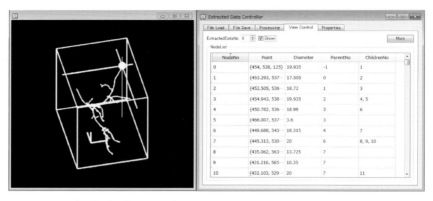

図 9.32（口絵 10） 抽出結果．左：View ウィンドウでの表示．右：各ノード情報．

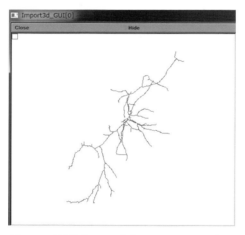

図 9.33 保存した SWC 形式の NEURON での表示
（詳細は 10 章を参照）

Controller の View Control タブにある Show チェックボックスにチェックを入れることで，View ウィンドウに抽出結果を表示することができる（図 9.32 左；**口絵 10**）．なお，そのままでは，スタック画像も重なって表示されるので，Stack Image Controller の View Control タブにある，Show チェックボックスのチェックを外すことで，抽出結果だけが表示されるようになる．また，Extract Data Controller の View Control では，シリンダーの各ノード情報がどのようになっているかを確認することができる（図 9.32 右）．

⑤ **抽出結果の保存**（図 9.33）：最後に，この抽出結果の保存を行おう．そ

れには Extract Data Controller の File Save タブを用いる．File Path で，保存するフォルダを，File Name にファイルの名前を設定しよう（ただし，初回は，Browse ボタンが使用できないので，File Path に直接フォルダ名を入力すること）．また，保存形式は，Cluster, SWC, HOC の3つを選ぶことができる．NEURON などの神経細胞・回路シミュレータで扱うためには，SWC や HOC 形式で保存する必要があるが，KNEWRiTE 独自の Cluster で保存しておけば，修正が必要になった際に再読み込みが可能となる．そのため，SWC（または HOC）と Cluster 両方の形式で保存しておくことを推奨する．

9.5 ニューロンの標準脳へのレジストレーション

セグメンテーションされたニューロンを標準脳に合わせ込む作業がレジストレーションである．この作業では，ニューロンのセグメンテーションに使った共焦点連続画像と標準脳画像において対応するランドマーク点を設定し合わせ込みを行い，その際の共焦点連続画像の変換と同じ変換を swc ファイルに対して施すことによって，swc ファイルの形態データを標準脳上へレジストレーションす

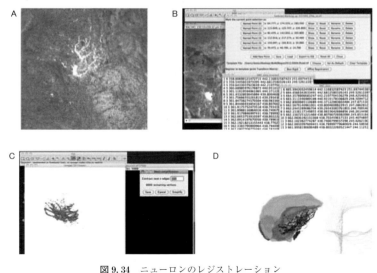

図 9.34　ニューロンのレジストレーション
ニューロン画像（A）に対して，標準脳と対応したランドマーク点を設定し（B），NeuroRegister によるレジストレーションを実施する（C）．標準脳における領域とレジストレーションされたニューロンを重ねて表示することにより，ニューロンの形態と領域との関係を調べることができる（D）．

ることができる（図 9.34）．

9.5.1　Fiji への NeuroRegister プラグインのインストール

ニューロンのレジストレーションには，NeuroRegister と呼ばれるプラグインを使用する．NeuroRegister は，シンデリン（J. Schindelin）らが開発した VIB protocol プラグインをもとに，筆者の一人である宮本大輔氏が，SWC のレジストレーションも行えるよう，拡張したものである．NeuroRegister は，https://github.com/sc4brain/neuroregister/ からダウンロードするか，CNS-PF からダウンロードできる『昆虫の脳をつくる』データファイルの NeuronRegist フォルダ中にも入っている（https://cns.neuroinf.jp/）．

NeuroRegister の導入方法は，ダウンロードしたプラグインファイル NeuroRegister_.jar を Fiji のインストールディレクトリの中の Plugins フォルダ（例：C:\Program Files\Fiji.app\plugins）に移動させるだけでよい．これにより次回 Fiji 起動時には Plugins に NeuroRegister が追加される．

ここでは，前節でセグメンテーションを行ったニューロン（図 9.35，Fused_Neuron1.tif）を標準脳画像にレジストレーションしていく手順を説明する．レジストレーションにあたっては，染色されたニューロンが写っている共焦点連続画

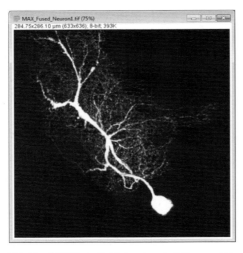

図 9.35　標準脳にレジストレーションするニューロン（Fused_Neuron1.tif）．

像（Fused_Neuron1.tif），抽出されたニューロンの swc ファイル（D03V05C00S20.swc），標準脳画像（SBimageP.tif）を用意する．これらのファイルは，あらかじめ同じ作業フォルダに入れておくと作業がしやすい．

なお，以下で使用するデータはすべて NeuronRegist フォルダに入っている．

9.5.2　Fiji による画像の読み込み

Fiji を起動し，共焦点連続画像（FusedNeuron1.tif）と標準脳画像（SBimageP.tif）を読み込み，表示する（図 9.36）．脳内組織が見えにくい場合には，明るさおよびコントラストを Image→Adjust→Brightness & Contrast で調整する．

9.5.3　NeuroRegister によるレジストレーション

共焦点連続画像（FusedNeuron1.tif）と標準脳画像（SBimageP.tif）それぞれの画像ウィンドウをアクティブにして Plugins→NeuroRegister→Name Point を選択し NeuroRegister を起動する．これらの画像については，すでにランドマーク点が設定してあるので，自動的に Fused_Neuron1.points, SBimageP.points が読み込まれる（図 9.37）．

今回はランドマークを指定したファイルが事前に作成されており（.points ファ

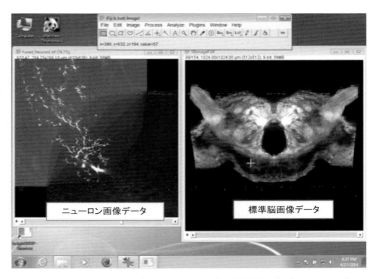

図 9.36　共焦点連続画像（FusedNeuron1.tif）と標準脳画像（SBimageP.tif）

138 9. 標準脳の作成の実際

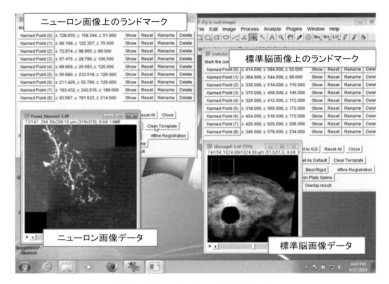

図 9.37 NeuroRegister を起動した状態
ニューロン画像データ（左下）とその画像において設定されたランドマーク情報（左上），
および，標準脳画像データ（右下）と標準脳においてニューロン画像データと対応するラ
ンドマークを設定した結果（右上）．

イル），自動で読み込まれるが，自分でランドマークを再設定する場合には，以下のようにする．

まず，Tool bar 上の Point Tool を選択する．この状態で，共焦点連続画像と標準脳画像で対応するランドマーク点に point を打つ．画像によって撮影方向（正面/背面）が異なることがあるので注意する．ここで対応点を正確に取らないと誤差が大きくなるため，この操作は特に注意深く行う必要がある．当然ながら，昆虫脳の解剖学的構造を理解していると対応点が探しやすい（3 章参照）．

選択したランドマーク点の座標は，NeuroRegister ウィンドウ上の「Named Point」ボタンで登録する．必要に応じて「Rename」ボタンでランドマーク点に自分のわかりやすい名前をつけてもよい．この NeuroRegister ウィンドウ上の操作は共焦点連続画像，標準脳画像，双方のウィンドウで行う（図 9.38；**口絵 11**）．

NeuroRegister ウィンドウ上の「Add New Point」ボタンを押して次の点を追加し，点の数が十分になるまで繰り返す．正確な変換のためには，少なくとも 8 点ぐらいは設定する必要がある．さらに，設定するランドマーク点については，なるべく X, Y, Z 方向にまんべんなく配置されるように注意する．続いて，

9.5 ニューロンの標準脳へのレジストレーション　　139

NeuroRegister で「Save」ボタンにより，設定したランドマーク情報を保存する．

ランドマーク点の設定ができたら，次に，共焦点連続画像の NeuroRegister ウィンドウで「Template File」欄の「Choose」ボタンをクリックし，標準脳画像ファイルを選択する．共焦点連続画像の NeuroRegister ウィンドウで「with Invert」

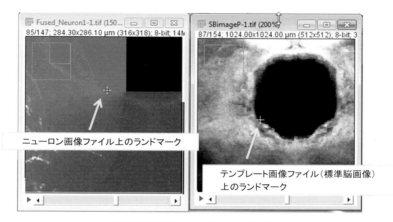

図 9.38（口絵 11）　ランドマーク点の設定
ニューロン抽出を行った共焦点連続画像（Fused_Neuron1.tif）と標準脳画像（SBimageP.tif）において対応する点（この図では，食道左斜め下の縁）をランドマークとして設定する．

図 9.39　ニューロンレジストレーションの結果

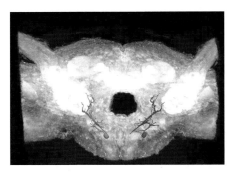

図 9.40 標準脳にレジストレーションされたニューロン 標準脳画像（SBimageP.tif）とレジストレーションしたニューロンデータ（registNeuron.swc, registNeuronFlip.swc）を neuTube に読み込み，view→3D View により 3 次元表示を行い，Control and Settings の Image において Z, X, Y のスケール値を 2 に変更した．

チェックボックスをチェックしておく（水平方向に対称となる位置にもニューロンをレジストレーションするオプション）．また，「Overlay result」をチェックすると，結果の出力画像にレジストレーションされたニューロンが重ねて表示される．このニューロンのレジストレーション結果画像は，registNeuron.tif として保存してある．

共焦点連続画像の NeuroRegister ウィンドウで「Thin Plate Spline」ボタンを押し，ダイアログに従って swc ファイル（D03V05C00S20.swc）を選択することで変換が実行され，新たな swc ファイル（図 9.39）と画像（図 9.40）が表示されるので必要に応じてこれらを保存する（registNeuron.swc, registNeuronFlip.swc）．

9.6 ニューロン応答のシミュレーション

ニューロンは，2 章でも説明したように膜電位を持ち，この膜電位がニューロンの情報表現となっている．このようなニューロンの電気的活動を数理的にシミュレーションするためのコンピュータプログラムは，いくつかのグループによって開発されている．研究目的・教育目的で利用されている代表的なソフトウェアとして，イェール大学のハインズ（M. Hines）とカーネバル（T. Carnevale）が中心となり開発した「NEURON」シミュレータがある．

9.6.1 使用ソフトウェア：NEURON

本節では，NEURON を使ったシミュレーション方法の基本的な操作について解説する．NEURON の詳細については次章で述べる．形態抽出したデータ（swc ファイル）を NEURON に読み込み，イオンチャネル特性などを組み込むことで，ニューロンの応答を計算することができる．

NEURON のインストールは，http://www.neuron.yale.edu/neuron/download から必要なファイルをダウンロードし，そのファイルをクリックすることで行える．通常は設定を変更せず，next をクリックしていくことでインストールが完了し，Windows の場合はスタートメニューに NEURON の項目が追加される．

9.6.2 NEURON による細胞応答シミュレーション

Windows のスタートメニューから NEURON の項目を選び，その中にある nrngui を選択し，NEURON を起動する．起動すると NEURON Main Menu と nrngui という2つのウィンドウが表示される．Main Menu の Tools→Miscellaneous→Import_3D を選択することにより Import3d_GUI ウィンドウが開くので，ここで choose file をクリックし，swc ファイルを選択する．フォルダを移動する場合には，該当するフォルダをダブルクリックする．ここでは，9.2.2項においてセグメンテーションを行ったニューロン形態データ（NeuronSim フォルダ内の D03V05C00S20.swc）を選択し，読み込む．読み込まれた形態データは，ただちにウィンドウに表示されるが，Show Points，Show Diam などをクリックすることで，表示方法を変更させることができる．Export→Instantinate を選んだ後（この操作では何も変化がない），Main Menu の Graph→Shape plot を選択することで，3D Shape ウィンドウにニューロン形態が樹状突起の中心線を結んだ形で表示される．

Shape ウィンドウでマウスの右ボタンを押すと表示されるメニューから Shape Style→Show Diam を選択すると，各樹状突起がその太さを再現した形で表示される．また，このメニューにおいて Variable Scale で Shape Plot を選択すると，各セグメント（セクション）の膜電位がカラーで表示される．

シミュレーション実行制御ウィンドウ Tools→Run Control，ニューロンへの刺激入力設定を行う Point ProcessManager ウィンドウ（Tools→Point Processes→Managers→Point Manager で起動）および膜電位の時間変化を表

示させるグラフウィンドウ（Graph→Voltage axis により起動）を表示させる．

Point ProcessManager ウィンドウにおいて電流固定 IClamp を選択し，シミュレーション開始から刺激提示までの遅れ時間 del，刺激時間長 dur，刺激強度 amp を設定する．RunControl ウィンドウで Continue til を変更し，Init & Run ボタンをクリックするとシミュレーションが実行され，Graph ウィンドウに V(.5)（既定セクション中央の膜電位）が表示される．RunControl ボタンの Tstop を設定することによりシミュレーションの終了時刻を設定することができる（それぞれの値は図 9.41 を参照）．振幅 1nA の電流刺激を与えた場合の応答は，細胞全体に電位の上昇が見られ，図 9.41 のような結果になる．

次に，モデルで使用するイオンチャネルのしくみを選ぶ．Tools→Distributed Mechanisms→Managers→Inserter を選択し，dend[0] を選択しダブルクリックすると，dend[0] に加えるチャネルメカニズムを選択できる．dend[0] について候補となるチャネルメカニズム pas と hh が表示されるので，ここでは hh を選択し，再度 RunControl ウィンドウの Init & Run をクリックすると図 9.42 のように一過性のピークを持つ波形が見られる．HH は，Na^+，K^+ チャネルの開閉メカニズムに基づき細胞応答変化を数理モデル（ホジキン-ハクスリーモデル：7.1.2 項，10.1.3 項参照）として記述したものであり，ニューロンの応答発生機構を表す基本モデルとして使用されている．ホジキン-ハクスリーから HH と呼ばれている．

ここではニューロンの細胞膜を通過するイオンの流れを制御するチャネルメカニズムとして，Na^+，K^+ チャネルだけを使用したが，実際のニューロンにおいては，他のイオンを選択的に通過させるチャネルがあり，例えば，カリウムに関するチャネルといっても，イオン透過特性の異なるさまざまなチャネルが存在している．ニューロンの特性を正確に記述するには，それらの特性を計測し，組み込んでいく必要がある．

このように，ニューロンの応答特性はその形態やチャネルの特性に依存しており，このニューロン特性の違いが複雑な神経回路の応答特性や機能を生み出す源となっている．ニューロン特性と神経回路特性との関連を明らかにするためには，その構成要素であるニューロン形態とチャネル特性に基づき，それらを互いに接続していくことによって神経回路モデルを構築し，このモデルと実際の神経系の応答特性を比較することで，神経回路モデルの正しさを証明する必要がある．こ

9.6 ニューロン応答のシミュレーション

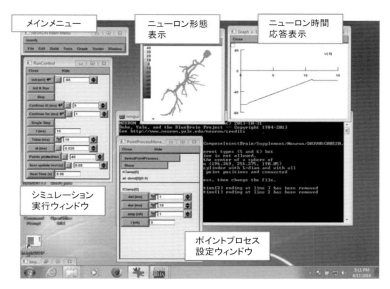

図 9.41 ニューロンの形態を考慮した応答シミュレーション

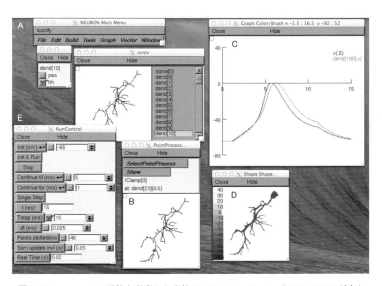

図 9.42 ニューロン形態を考慮した応答のシミュレーション（HH モデルの追加）
A：1 つのセクションに HH モデルを追加した．B：樹状突起部分から電流を注入
（下方の点は，電流注入部位）した．C：ニューロンの電位変化．D：ニューロンの
各領域における電位を擬似カラーで示した．E：シミュレーション実行を制御する
RunControl ウィンドウ．

のような研究は，神経回路の特性を再現するだけでなく，神経回路に潜む未知の機能を予測することにもつながる．

カイコガの脳におけるニューロンの形態，チャネル特性に基づく神経回路をコンピュータ上に数理モデルとして実装し，シミュレーションを行うための技術，方法については次章で紹介する．

第10章 昆虫脳シミュレーション

 本章では，これまで作成してきた神経細胞の形態を元にした神経細胞・回路シミュレーションを目指し，実際にNEURONを使ったニューロンの活動のシミュレーションについて紹介する．

10.1 神経細胞活動のメカニズム

 シミュレーションを行うためには，神経細胞がどのようなメカニズムで活動しているかということに対する数学的な理解（モデル）が必要不可欠である．このようなモデルを真に理解するためには，ある程度以上の数学的な知識が必要となるが，その「考え方」だけであればそこまで難解ではない．そこで，本節ではまずは歴史的な観点から，どのように神経細胞の活動メカニズムが明らかになってきたかを紹介する．

10.1.1 ガルバニによる生体電気の発見

 2章で概観したように，神経細胞の活動には，「電気」が重要な役割を果たしている．しかし歴史的な発見の多くがそうであるように，このことがわかったのも，偶然によるところが大きかった．1790年，イタリア大学のガルバニ（L. Galvani）は，カエルの解剖中に解剖用のメスと固定用のメスの2本を差し入れると，筋肉の収縮が起こることを発見した．ガルバニはこの現象をさらに突き詰め，銅線と鉄線のような2種類の異なる金属をつなげ，両端をカエルの体内に差し入れることで筋肉の収縮が起きるということを明らかにした．しかしこの実験では，いったい何がカエルの筋肉を収縮させているのかは明らかではなかった．

 1800年これを知ったパヴィア大学のボルタ（A. Volta）は，自身が発明したばかりのボルタの電堆（これは初期の電池である）を用い，カエルの体内に「電気」が流れることで，筋肉の収縮が起きることを明らかにした．

10.1.2 ケーブル方程式の発見と神経細胞への適用

このように，神経の伝導に当時発見されたばかりの「電気」というものが関与していることはわかったものの，それがどのようなメカニズムなのかということは全くわかっていなかった．また，当時の理解では，電気信号というのはほぼ無限の速度で伝わると考えられていたが，1850年にケーニヒスベルク大学の教授であったヘルムホルツ（H. F. Helmholtz）がカエルの筋肉を収縮させるための神経の伝導速度を測定したところ，27 m/秒という有限の値が得られてしまった．これは，測定誤差などを考慮に入れても，当時の電気信号の伝搬速度の認識から比べると非常に遅い値であり，この違いは非常に大きな謎となった．

しかし，実はこれとほぼ同じ頃，生物学とは全く別の領域でこの問題を明らかにする手がかりが見つかっていた．それは，アメリカとイギリスをつなぐ大西洋海底電信ケーブルの設置においてであった．1854年にこの海底ケーブルの実験に関わっていたファラデー（M. Faraday）は，非常に長いケーブル（この時は190 kmであった）を海底に沈めた状態で信号を観測すると，伝搬に微妙な遅れが発生することを発見した．

これを知ったグラスゴー大学のトムソン（W. Thomson）（後のケルビン卿）は，海底ケーブルを単なる伝送路ではなく，抵抗（R）と容量（C）が分布したものと考えれば，この現象を説明できることに気がついた（図10.1）．トムソンは1855年に，これをケーブル理論としてまとめ，信号の遅れはケーブルの長さの2乗に比例して大きくなる，と述べた．

ヘルムホルツは，これこそまさに神経細胞で起こっていることと同じであり，ケーブル方程式を適用することで，神経細胞の伝導速度を説明できるのではないかと考えたが，当時はこれを実験的に証明するには測定技術が十分でなかった．それからしばらく時間が経過し，1946年に，ケンブリッジ大学のホジキン（A. L.

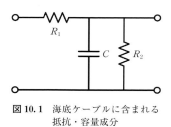

図 10.1 海底ケーブルに含まれる抵抗・容量成分

Hodgkin）とラシュトン（W. A. H. Rushton）は，ザリガニの神経細胞を用いて実験的にケーブル方程式の抵抗や容量の値を求め，ケーブル方程式が神経細胞の電位伝搬をうまく表すことができることを実証した．なお，このような一定の抵抗や容量のみで表される神経細胞の特性を，受動的特性（パッシブ特性）と呼ぶ．

10.1.3　ホジキン-ハクスリー方程式

このように，伝搬のしくみについてはある程度明らかになったものの，神経細胞の電気的特性には，活動電位（神経インパルス）と呼ばれるもう1つの大きな謎が残っていた．

エイドリアン（E. D. Adrian）は，1928年にカエルの視神経の測定を行っている際に，後に活動電位と呼ばれることとなる急激な電位の変化が発生することを発見した．このような急激な電位変化は，他の神経細胞でも一般的に見られることがわかったが，どのようなメカニズムで発生するかについては，既存の理論では説明することができなかった．

1952年，当時開発されたばかりの電位固定法という実験手法を用いて，ヤリイカの巨大軸索の神経細胞膜の特性を測定していたケンブリッジ大学のホジキンとハクスリー（A. F. Huxley）は，以下のようなメカニズムを想定することで，この活動電位という現象を説明できることに気がついた．

活動電位の発生のしくみについては，すでに図2.3で説明しているが，神経細胞膜の等価回路（図10.2）の観点から経時的に説明すると以下のようになる．

①静止時，K^+の濃度は細胞内で高く，Na^+濃度は細胞内で低い．このため，

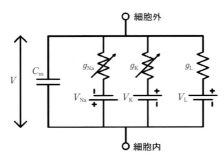

図10.2　ホジキンとハクスリーの想定した神経細胞膜の等価回路

各イオンが細胞内に作る電位（V）は V_Na が約 $+45\,\mathrm{mV}$，V_K が約 $-90\,\mathrm{mV}$ になっている．また，細胞膜には Na^+ や K^+ を透過させるチャネルが存在しているものの，いずれも閉じており，細胞膜のイオン透過性（ここではコンダクタンス g で表す．これは電気抵抗（Ω）の逆数であり，単位はジーメンス［S］）は g_K，g_Na ともに低い．また，静止時においてはリークチャネルが存在しており，等価回路でみると，$g_\mathrm{L} \gg g_\mathrm{Na}$，$g_\mathrm{K}$ という状態になっている．その結果，細胞内外の電位差は V_L に近づくこととなる．

②外部からのシナプス入力などの要因で細胞膜電位が変化し，ある閾値を超えると，電位依存性の Na^+ チャネルが開き Na^+ に対する膜の透過性が上昇する．これは g_Na が上昇することを意味し，細胞内の電位は V_Na に近づくことになる．

③ある程度電位が上昇すると，今度は電位依存性の K^+ チャネルが開き，また電位依存性 Na^+ チャネルは閉じることとなる．その結果電位は速やかに低下するだけでなく，静止時の電位よりも V_K に近くなり，後過分極と呼ばれる現象を起こす．この時，電位依存性 Na^+ チャネルは，ただ閉じるだけではなく不活性化が起こり，電位が静止電位に戻るまで再び開くことはない．

④電位依存性 K^+ チャネルも時間経過で閉じ，静止時の状態に戻る．

また，このようなダイナミクスを数式で表現したものは，ホジキン-ハクスリー方程式と呼ばれ，式（1）から式（6）の形で表現される．

$$I = C_\mathrm{m}\frac{dV}{dt} + g_\mathrm{Na}(V - V_\mathrm{Na}) + g_\mathrm{K}(V - V_\mathrm{K}) + g_\mathrm{L}(V - V_\mathrm{L}) \tag{1}$$

$$g_\mathrm{Na} = \bar{g}_\mathrm{Na} m^3 h, \quad g_\mathrm{K} = \bar{g}_\mathrm{K} n^4, \quad g_\mathrm{L} = 0.24 \tag{2}$$

$$\frac{dm}{dt} = \alpha_m(1-m) - \beta_m(m), \quad \frac{dh}{dt} = \alpha_h(1-h) - \beta_h(h), \quad \frac{dn}{dt} = \alpha_n(1-n) - \beta_n(n) \tag{3}$$

$$\alpha_m = 0.1 \times \frac{-(V+40)}{\exp\left(\frac{-(V+40)}{10}\right) - 1}, \quad \beta_m = 4 \times \exp\left(\frac{-(V+65)}{18}\right) \tag{4}$$

$$\alpha_h = 0.07 \times \exp\left(\frac{-(V+65)}{20}\right), \quad \beta_h = \frac{1}{\exp\left(\frac{-(V+35)}{10}\right) + 1} \tag{5}$$

$$\alpha_n = 0.1 \times \frac{-(V+55)}{\exp\left(\frac{-(V+55)}{10}\right) - 1}, \quad \beta_n = 0.125 \times \exp\left(\frac{-(V+65)}{80}\right) \tag{6}$$

10.2 NEURON

　前節では，ケーブル方程式やホジキン-ハクスリー方程式を用いることで，神経細胞の活動メカニズムを説明できることを述べた．しかし，実際にこれらの方程式を見ても直感的にその挙動を理解することは困難であり，また，数学的に解を求めることも難しい．そこで，計算機を用いて方程式の挙動を計算し，理解することが行われてきた（初期の有名な例としては，ハクスリーは手回し計算機を用いてホジキン-ハクスリー方程式の計算を行っている）．

　このような計算を行うためには，一般にプログラミングや数値計算に対する理解が必要となる．しかし，現在では神経細胞・回路モデルのシミュレーションを行うための実績のあるシミュレータが複数存在しており，これらを用いることでC言語やMATLABなどで数値計算のコードを書かなくとも，基本的なシミュレーションであればGUI（グラフィックを多用し，大半の基礎的な操作をマウスなどのポインティングデバイスによって行うことができるユーザインターフェース）を用いてやさしく行うことができる．本節では，NEURON（http://neuron.yale.edu/）と呼ばれるシミュレータを用いて，神経細胞・回路のシミュレーションを行っていくことにする．

10.2.1　NEURONの歴史

　デューク大学のムーア（J. W. Moore）は，神経細胞の形態と神経活動パターンの関係について調べるため，さまざまなシミュレーション用のソフトウェアを開発していた．ソフトウェアの種類が多くなり，統一の必要性を感じていたところ，1976年から新しく研究室に参加したハインズ（M. Hines）が，汎用的に用いることのできる神経細胞シミュレータCABLEを完成させた．これは，HOC（High Order Calculator）と呼ばれるインタープリタ言語を用いた対話的なインタフェースを持っており，さまざまなシミュレーション条件を簡易に記述することが可能であった．

　ハインズは，このCABLEをさまざまなチャネルのシミュレーションに対しても適用可能とするため，MODLと呼ばれる形式でチャネルの動態を記述できるようにするなどの改良を進め，1990年にNEURON2.0（これ以降，CABLEはNEURON1.0と呼ばれるようになる）としてまとめることとなった．

このようにして開発が始まったNEURONは，これ以降もグラフ描画機能・GUIの追加や，並列計算への対応など多くの拡張が施され，2017年現在でも非常に有力な神経細胞・回路シミュレータとして用いられている．

10.2.2 HOCとは

NEURONを用いてシミュレーションを行うためには，HOCと呼ばれるインタープリタが標準的に用いられている．HOCはC言語の開発者でもあるカーニハン（B. W. Kernighan）らによって1984年に"The Unix Programming Environment"でyaccと呼ばれる構文解析プログラムの活用例として公開されたプログラミング言語の一種であり，C言語に類似しているが，それよりは簡易な言語体系を持っている．

ハインズは，このHOCを大幅に拡張し，オブジェクト指向機構やコンパートメント指定のしくみなどを追加することで，神経細胞・回路のシミュレーションを可能にしている．

本節ではこの拡張されたHOC形式を用いてNEURONによるシミュレーションを行っていく．なお，HOC形式のすべての機能について紹介するのは困難であるため，詳細については，NEURONリファレンスのHOC Syntaxのページ（http://www.neuron.yale.edu/neuron/static/new_doc/programming/hocsyntax.html）などを参照していただきたい．

余談となるが，NEURONではこのHOCの他にJavaや，近年ではPythonを用いることも可能となっている．HOC形式はその出自が古く，また拡張に拡張を重ねているためやや書式が煩雑になってしまっているので，今後はPythonで記述する例が増えていくかもしれない．興味のある方はHinesら（2009）などが参考になると思われる．

10.2.3 NEURONの基本操作

まずは，7章を参考にNEURONをインストールし，nrnguiというプログラムを起動してみよう．すると，図10.3のような2つのウィンドウが表示される．この2つのウィンドウを用いて，NEURONを操作していくこととなる．

図10.3上のメインメニューでは，GUIによるNEURONの操作が可能であり，ファイルの保存や細胞定義の設定，グラフの描画などを行うことができる．図

10.2 NEURON

図 10.3 NEURON のウィンドウ（メインメニューとコンソール）

10.3 下のコンソールでは，HOC 形式を用いて NEURON を操作することが可能であり，さまざまなコマンドを覚える必要はあるものの，NEURON を本格的に活用していくためには非常に有用である．

ためしにコンソールを用いて簡単な NEURON の操作を行ってみよう．なお，今後はコンソールへの入力を

```
oc>3
     3
```

という形式で表す．このケースでは，コンソールに oc> と表示されているので，3 と入力する，という意味であり，oc> と書かれていない行は，NEURON からの出力が表示された行であることを示す．

HOC は元々，簡易的な電卓プログラムとして開発されたため，手軽に計算を行うことができる．例を示そう．

```
oc>3+10
     13
oc>3*2
     6
```

このような単純な計算のほかに，変数を用いることも可能である．変数には = で値を設定できる他，変数名だけを入力すると，その変数の値を表示することができる．

```
oc>pi=3.14
first instance of pi
```

```
oc>pi
3.14
oc>pi*2
        6.28
```

10.2.4　HOCファイルの読み込み

前項では対話モードでのNEURONの操作法を紹介したが，実際のシミュレーションをこのような方法で行うのは非常に手間が多く，デバッグも困難である．そこで，一度ファイルに手続きを書き下した上で，NEURONに読み込ませる手法を取るのが一般的である．

まずは，ソースコード10-1に示すようなファイル（source10_1.hoc：便宜的に.hocという拡張子をつける事が多い）を事前に作成してあるとして，このファイルを読み込む方法を紹介しよう．なお，今回使うソースコードは比較神経科学プラットフォーム（CNS-PF）（https://cns.neuroinf.jp/）からダウンロード可能である．

ソースコード10-1："source10_1.hoc"
```
pi=3.14
pi2=pi*2
print pi2
```

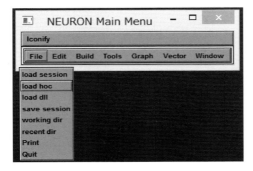

図 10.4　load hoc ダイアログ

nrngui などから起動すると，先ほど説明した Main Menu が表示されている（図10.4左）．この NEURON Main Menu から File->load hoc とすると，ファイルを読み込むためのダイアログが表示される（図10.4右）．ここで，先ほどのような HOC ファイルを指定すると，3.14*2 の値である 6.28 が，NEURON のプロンプトエリアに表示されるのを確認することができる．

10.3 ホジキン-ハクスリー方程式のシミュレーション

前節でも述べたように，1952年に発表されたホジキン-ハクスリー方程式は，現在でも神経細胞シミュレーションの基礎方程式の1つとなっている．ここでは，実際にそのシミュレーションを行うことで，神経細胞がどのような活動パターンを示すのか実験してみよう．

10.3.1 シンプルなホジキン-ハクスリー方程式シミュレーション

NUERON でホジキン-ハクスリー方程式のシミュレーションを行うための最低限のソースコードはソースコード10-2のようになる．

```
ソースコード 10-2：source10_2.hoc
  load_file("nrngui.hoc")    //nrngui.hoc を読み込む
  create cell                //コンパートメントの定義
  cell{                      //cell に対する設定の開始
        insert hh            //ホジキン-ハクスリー方程式（hh）を設定
  }                          //cell に対する設定の終了
  tstop=300                  //シミュレーション終了時刻の設定
  printf("Initialize finished !¥n")//読込が終わった事の表示
```

これは非常に単純なコードであるが，順に見ていこう．まず，NEURON では // 以降はコメント行として扱われ，内容は無視される．NEURON ではこのほかにも /* から */ で囲うコメントの記述法も可能である．次に1行目の load_file ("nrngui.hoc") は，外部ファイルである nrngui.hoc を読み込むことを指示している．nrngui.hoc を読み込むことで，GUI を制御するための関数や，run() のような便利なラップ関数にアクセスすることができるほか，利用可能な環境では

GUIでNEURONを操作するためのNEURON Main Menuが表示される．load_file()ではこのようにライブラリHOCを読み込むほかにも，同じディレクトリに存在するほかのHOCファイルも読み込むことができるので，一部の関数だけ別のファイルに移したい時などにも便利である．

さらにその次のcreate cellでは，cellという名前のコンパートメント（計算を行う単位，NEURON内部ではsectionとも表現される）を生成することを指示している．そして，そのcellの特性を設定しているのが，次のcell{から}までの行である．ここでは，insert構文を用いてhhというメカニズム（もちろんHodgkin-Huxleyのことである）を挿入している（なおhhのメカニズムが実際にどのように定義されているかについては後ほど述べる）．cell{}で括られた次の部分ではシミュレーション全体に関わる変数に値をセットしている．tstopはシミュレーション時間であり，単位は[msec]である．また，最後の行では，このファイルが正常に読み込まれたことを確認するために，printf()関数を使って，メッセージを表示している．

基本的には，たったこれだけである．この時ホジキン-ハクスリー方程式を計算する際の各種パラメータ（g_K, g_{Na}など）は，NEURONが指定している値をそのまま使用することとなる．実際にどのような値が指定されているかは，psection()と呼ばれる関数を使用することで表示することができる．プロンプト上での使用例を示そう．

```
oc>cell{psection()}
cell{nseg=1 L=100 Ra=35.4
     /*location 0 attached to cell 0*/
     /*First segment only*/
     insert morphology{diam=500}
     insert capacitance{cm=1}
     insert hh{gnabar_hh=0.12 gkbar_hh=0.036 gl_
     hh=0.0003 el_hh=-54.3}
     insert na_ion{ena=50}
     insert k_ion{ek=-77}
}
```

10.3 ホジキン-ハクスリー方程式のシミュレーション

psection() で表示された各種変数に値を代入することで，シミュレーションの条件を指定することができる．図10.5の条件になるような書き方をソースコード10-3に示す．この時，diam と L はそれぞれコンパートメントの直径と長さを指定しており，単位は両方とも［μm］となっている．gnabar_hh と gkbar_hh は，それぞれ Na^+，K^+ に対する最大コンダクタンスであり単位は［S/cm^2］である．

ソースコード 10-3：source10_3.hoc
```
load_file("nrngui.hoc")     //nrngui.hoc を読み込む
create cell                 //コンパートメントの定義
cell{                       //cell に対する設定の開始
    diam=20.0               //コンパートメントの直径
    L=20.0                  //コンパートメントの長さ
    insert hh               //ホジキン-ハクスリー方程式 (hh) を設定
    gnabar_hh=0.12          //Na+ チャネルの最大コンダクタンス
    gkbar_hh=0.04           //K+ チャネルの最大コンダクタンス
}                           //cell に対する設定の終了
tstop=300                   //シミュレーション終了時刻の設定
printf("Initialize finished !\n")  //読込が終わった事の表示
```

では，実際にこのソースコードを用いてシミュレーションを行ってみよう．先ほど説明したように，コマンドラインで load_file ("source10_3.hoc") とするか，Main Menu の File->load hoc でこのソースコードを指定するとファイルを読み込むことができる．

読込みに成功すると，ソースコードの printf 関数で指定したように図10.6のようなメッセージ（Initialize Finished !）が，NEURON のプロンプト部に表示

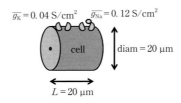

図 10.5 ソースコード 10-3 における細胞モデル

される．

次に，神経細胞の電位を測定するために NEURON Main Menu の Graph-> Voltage Axis からグラフツールを起動しておこう（図10.7A）．また，実際にシミュレーションを開始するには

・NEURON Main Menu から RunControl（図 10.7B）を起動し，Init & Run

図 10.6 hoc 読込み時のメッセージ

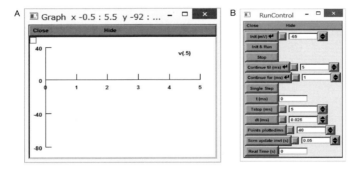

図 10.7 Voltage Axis（A）と RunControl（B）

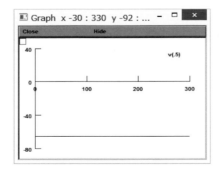

図 10.8 ソースコード 10-3 でのシミュレーション結果

ボタンを押す
・プロンプト部で run() と入力する

といった複数の方法があるので,状況に応じて扱いやすい方を用いるとよい.

無事,シミュレーションが成功すると,図 10.8 のようなグラフが表示される.神経細胞の電位が,静止膜電位である約 -65 mV で安定していることがわかると思う.

10.3.2 細胞に刺激を与える

ソースコード 10-3 の例だと,NEURON 内部ではホジキン-ハクスリー方程式を計算しているものの,目に見える現象としては,電位には特に変化が見られない.そこで,次はこの神経細胞に刺激(定電流刺激)を与えることで,電位の変化を観察してみよう(ソースコード 10-4,図 10.9).

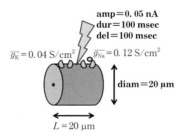

図 10.9 ソースコード 10-4 のモデル

ソースコード 10-4:source10_4.hoc

```
load_file("nrngui.hoc")

create cell
objref stim              //刺激オブジェクトの宣言

cell{
    diam=20.0
    L=20.0
    insert hh
```

```
        gnabar_hh = 0.12
        gkbar_hh = 0.04

        stim = new IClamp(0.5)      //刺激タイプの設定（定電流刺激）
        stim.del = 100              //刺激の開始時刻
        stim.dur = 100              //刺激の持続時間
        stim.amp = 0.05             //刺激の強度
}
tstop = 300
printf("Initialize finished !¥n")
```

定電流刺激を与えるには，IClampと呼ばれるオブジェクトを用いる．NEURONでオブジェクトを使用するには，まずobjrefと呼ばれる予約語を用いて定義を行う．ここではstimという名前のオブジェクトを定義している．次にコンパートメント設定の中で，new予約語を用いていてstimにIClampオブジェクトを設定している．IClampは一定電流による刺激を与えるものであり，del, dur, amp, といった変数を持っている．delはdeley（遅延），durはduration（持続時間），ampはamplitude（強度）を表す（図10.10）なお，IClampの引数に与えている0.5は，円柱で表現されているcellの高さ方向について，0～1で表現した場合の相対位置（0.5の場合はコンパートメントの真ん中）に刺激を行うことを示している．

では，このソースコード10-4を用いてシミュレーションをしてみよう．前回と同様に，HOCファイルを読み込み，グラフツールを起動したうえで，run()

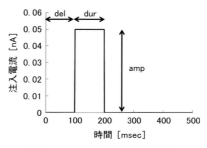

図 10.10　IClampの各変数の意味

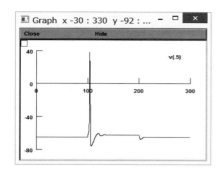

図 10.11 ソースコード 10-4 のシミュレーション結果

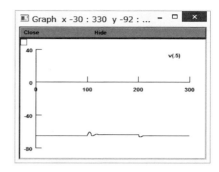

図 10.12 ソースコード 10-4, stim.amp = 0.025 でのシミュレーション結果

を実行する．グラフツールに図 10.11 のような変化する電位が現れただろうか．これこそまさにホジキン-ハクスリー方程式により記述される神経細胞の活動電位（スパイク）である．

せっかくなのでもう少し実験をしてみよう．NEURON のプロンプトを用いて以下のように入力し，刺激強度（amp）の値を小さくした上で，run() でもう一度シミュレーションを行ってみよう．

```
oc>stim.amp=0.025
oc>run()
```

すると，先ほどのような大きなスパイクは発生せず，わずかに膜電位が変化するだけであることがわかる（図 10.12）．さらに amp の値を変化させて実験を繰り返すと，amp = 0.033 ではスパイクが発生しないが，amp = 0.034 ではスパイクが発生する様子が観測できる．このように，ある値（閾値）を超えると突然大きな状態変化を示すというのが神経細胞の重要な特徴であり，これは「全か無かの法則」と呼ばれる．

10.4 ケーブルモデルのシミュレーション

ここまでホジキン-ハクスリー方程式をベースとしたシミュレーションを行ってきたが，次はもう少し違った側面から神経細胞を見てみよう．図 10.2 で紹介したように，神経細胞における電位の伝導はケーブル方程式によってモデル化することができる．これをもとに，神経細胞を電気回路で表現すると図 10.13 のようになる．

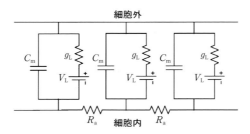

図 10.13 ケーブル理論による等価回路

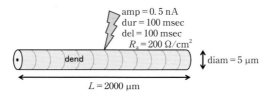

図 10.14 ソースコード 10-5 のモデル

このケーブル理論に基づいたシミュレーションを行ってみよう（ソースコード 10-5，図 10.14）．

ソースコード 10-5：source10_5.hoc

```
load_file("nrngui.hoc")

create dend
objref stim

dend{
    cm = 1
    diam = 5.0
    L = 2000.0
    Ra = 200              //細胞内抵抗（Ω）
    nseg = 201            //計算を行う際の分割数
    insert pas            //pas メカニズムを設定
    g_pas = 0.0001        //膜コンダクタンス
```

```
        e_pas = -65              //静止膜電位

        stim=new IClamp(0.5)
        stim.del=100
        stim.dur=100
        stim.amp=0.5
    }
    tstop=300
    printf("Initialize finished !¥n")
```

これまでと異なり，コンパートメントのLを大きくし細長くすると同時に，nsegという値を設定している．これは，1つのコンパートメントを分割して計算するために設定する値である．これまでのような球形に近いコンパートメントで中心点での電位をそのコンパートメント全体の電位とみなしてもそこまで問題はなかったが，今回のような細長いコンパートメントでは，中心点とコンパートメントの端では実際の電位の差が大きくなる．そこで，1つのコンパートメントを複数の単位に分割し，それぞれの単位で電位を計算する必要が生まれるわけである（図10.15）．なお，シミュレーションではコンパートメントの真ん中の値が基準になることが多いため，nseg（分割数）には奇数を指定し，真ん中が計算点に入るようにする必要がある．

また，コンパートメントのメカニズムとしては，これまでのhhではなく，pasを指定している．これについて詳しくは後述するが，図10.16のような，一定の容量と抵抗を持つモデルを指定している．また，刺激としては，これまでと同様，一定電流の刺激をコンパートメントの真ん中（0.5）に注入し，強度（amp）

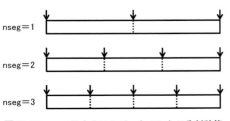

図 10.15 nsegによるコンパートメントの分割計算
↓の示している部分で電位の計算を行う．

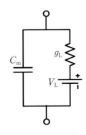

図 10.16 pas メカニズムの概要

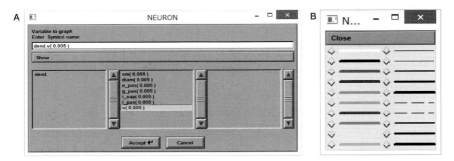

図 10.17 Plot what? ダイアログ（A）と Color/Brush ダイアログ（B）

を 0.5 と強めにしている.

　このファイルを読み込んだら，結果を表示するためのグラフの準備をしよう．これまではコンパートメントの中心での電位を表示するだけだったが，今回は場所による電位の違いを見るため，他の部分の情報も表示する．これまでと同様に Main Menu の Graph->Voltage Axis でグラフを表示したら，グラフの中で右クリックし，Plot What? を選択する．すると，図 10.17 左のようなダイアログが表示されるので，dend.v(0.25) を指定しよう．これは，dend の長さを 1 とした時の，相対位置 0.25 での電位を意味している．さらにもう一度 Plot What? を選択し今度は dend.v(0.05) を指定しよう．これにより，もとから表示されている，v(0.5) だけでなく，v(0.25)，v(0.05) も，グラフに表示される．このままではすべての結果が同じ線で表示され，区別がつかないため，色や線の太さ，種類を変更しよう．グラフの中で右クリックし Color/Brush を選択すると，図 10.17 右のようなダイアログが表示されるので，好きなものを選ぼう．その上でグラフのラベル文字（v(0.5) などと書かれている所）を選択すると，色や線の種類などを変更することができる．

　準備ができたら，Run Control などでシミュレーションを開始しよう．図 10.18 のようなグラフが得られただろうか．ここでは，距離に応じて電位が減衰している様子がわかる．

　このグラフは刺激開始直後の傾きと最終的な電位という 2 つの観点から考えることができる（図 10.13）．刺激開始直後の傾きについては，刺激点から離れるに従って，多くの容量 C_m に電荷を貯める必要があるため電位上昇が遅れていることがわかる．また，最終的な電位については，細胞内抵抗 R_a に電流が流れる

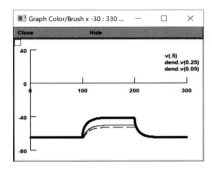

図 10.18 神経細胞の相対位置 0.5, 0.25, 0.05 における電位変化
端にいくに従って，電位の上がる早さや，最終的な電位が低下している．

ことで電位差が発生し，やはりこれも刺激点から離れるに従って電位差が大きくなっている．このことは，シミュレーションの C_m や R_a の値を変え，実験を行うことで，その影響を理解することができる．

10.5 複数コンパートメントモデルでのシミュレーション

多くの神経細胞は，樹状突起（一般的にケーブル理論により近似することが多い）と軸索（ホジキン-ハクスリー方程式を含める必要がある）の両方の部分を含んでいる．ここでは，このような複数の特性を持った神経細胞をシミュレーションの対象にしてみよう（図 10.19）．

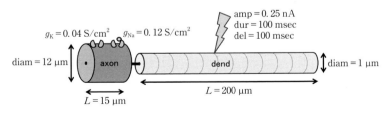

図 10.19 ソースコード 10-6 のモデル

ソースコード 10-6：source10_6.hoc

```
load_file("nrngui.hoc")


create axon, dend    //dend と axon の 2 つのコンパートメントを定義
```

```
objref stim

axon{                          //基本的には source10_3 の cell と同様
    insert hh
    diam=12.0
    L=15.0
    gnabar_hh=0.12
    gkbar_hh=0.04
}

dend{                          //基本的には source10_4 の dend と同様
    insert pas
    nseg=101
    diam=1.0
    L=200.0
    Ra=100
    g_pas=0.001
    e_pas=-65

    stim=new IClamp(0.5)   //定電流刺激を設定
    stim.del=100
    stim.dur=100
    stim.amp=0.3
}

connect dend(0), axon(1)   //dend と axon を接続

tstop=300
dt=0.001                   //アニメーションを観察するため，dt を小さくした
printf("Initialize finished !\n")
```

10.5 複数コンパートメントモデルでのシミュレーション

ここでは，複数のコンパートメント（樹状突起を示す dend，軸索を示す axon）を定義した上で，connect という命令を用いて接続している．dend（0）と axon（1）それぞれのカッコの中の値は，コンパートメント内どこで接続するかを示しているが，書き方は前か後で異なり，前者（この場合は dend）は，0 または 1 でどちら側の端点かを，後者（この場合は axon）ではコンパートメント内の相対位置（0.0〜1.0 の実数値を取る）を表している．

このような細胞に一定電流の刺激を樹状突起（dend）に与えたシミュレーションを実行する．ファイルを読み込んだら，これまで同様，グラフの準備をしよう．Graph->Voltage Axis では，Plot what? で dend.v(0.5) と axon.v(0.5) あたりを指定するとよい．また，神経細胞モデルの形態的な電位分布も表示させるため，Graph->Shape Plot も使用してみよう．表示はそのままでは，図 10.20 左のような状態なので，右クリックから，Shape Style で Show Diam を指定し，各コンパートメントの大きさ（直径）を表示しよう．すると，図 10.19 のような，太く短い axon に，長く細い dend が接続されている様子がわかると思う．また同様に右クリックから Shape Plot を指定し，電位の変化が色で表されるようにしよう．図 10.20 右のようになっただろうか．

シミュレーションを実行すると，図 10.21 のようになる．樹状突起だけではスパイクは発生しないが，connect により電気的に接続したため，電位が軸索まで伝搬し，スパイクが発生しているのが観測できる．また，Shape Plot では，時間とともに電位が変化し，特に axon 側が高い電位（黄色）になっていることがわかる．なお，アニメーションが速すぎる場合は，dt を小さくし，計算の刻み

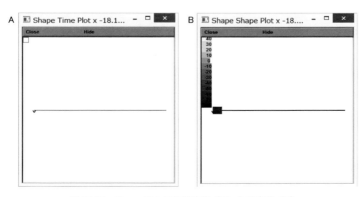

図 10.20 Shape Plot の初期状態（A）と設定後（B）

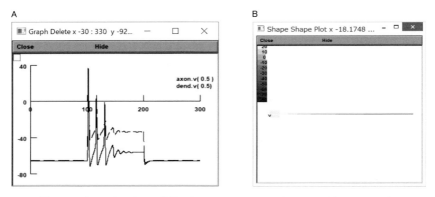

図 10.21 シミュレーション結果．A：Voltage Axis，B：Shape Plot（$t = 102$ msec）．

を細かくすることで，計算にかかる時間が大きくなり，ゆっくりと現象を見ることができる．逆に遅すぎる場合は，dt を大きくすれば進みは速くなるが計算誤差が大きくなってしまうため，注意が必要である．

10.6 コンパートメントメカニズム

ここまで，単一神経細胞でのシミュレーションを行ってきた．次は複数の神経細胞からなる神経回路のシミュレーションに取り組みたいと思うが，その前に，コンパートメントの内部で指定してきた pas や hh といったメカニズムが，実際にはどのように定義されているかについて触れておこう．

これらのメカニズムは，NMODL（NEURON MODEL）という形式で記述され，NEURON がコンパイルされる際に，内部的に C 言語に変換されて組み込まれている．組み込まれる前の NMOD 形式のファイルは，NEURON をインストールしたディレクトリの中の src/nrnoc/ 以下に参考として置いてある（図 10.22）．また自分で作成したモデルファイルを新しく NEURON に組み込むことも可能である．

10.6.1 pas.mod の概要

NMODL ファイルのシンプルな例として，pas.mod について見てみよう（図 10.23）．これは，ソースコード 10-7 のようになっている．

10.6 コンパートメントメカニズム

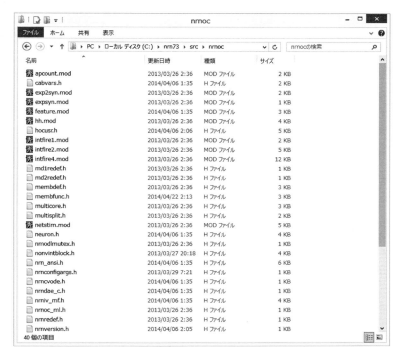

図 10.22　src/nrnoc/ の NMOD ファイル

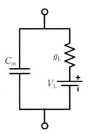

図 10.23　pas.mod のモデル

ソースコード 10-7：pas.mod（説明のため一部改変）

```
TITLE passive membrane channel

UNITS{                          //単位定義
    (mV)=(millivolt)
```

```
        (mA)=(milliamp)
        (S)=(siemens)
    }

    NEURON{                         //NEURON本体とのインタフェース設定
        SUFFIX pas
        NONSPECIFIC_CURRENT i
        RANGE g, e
    }

    PARAMETER{                      //変数設定
        g=.001(S/cm2)  <0, 1e9>
        e=-70 (mV)
    }

    ASSIGNED{v(mV)i(mA/cm2)}        //変数の単位設定

    BREAKPOINT{                     //ステップごとの計算式
        i=g*(v-e)
    }
```

pas.mod の中身を見ると，最初は TITLE 句で始まり，その後は { }（中括弧）で囲われたいくつかのブロックに分かれていることがわかる．順に見ていこう．

・TITLE：この NMODL ファイルの解説が書かれている．

・UNITS ブロック：この NMODL ファイルで利用する単位の説明が書かれている．計算的には大きな意味は持たないが，modlunit などの補助プログラムを使うことで，単位の次元が適切に設定されているか，事前にチェックすることができる．

・NEURON ブロック：NEURON から，このファイルで記述されたメカニズムを操作するための情報が設定されている．SUFFIX では，NEURON からこの NMODL ファイルの変数を指定する際に，うしろにつける文字列を指定す

る．また，RANGE では，実際に NEURON からアクセスすることのできる変数を列挙する．この例だと，e と g という変数にアクセス可能で，それぞれ e_pas, g_pas という名前で NEURON から参照することになる．なお g はコンダクタンス（図 10.23 における g_L），e は平衡電位（図 10.23 における V_L）となる．

NONSPECIFIC_CURRENT では Na や K などの特定のイオン電流ではない，コンパートメント全体を流れる電流を，この NMODL ファイルから参照することを指定している．

・PARAMETER ブロック：各変数の初期値や単位，取り得る値の範囲が書かれている．

・ASSIGNED ブロック：PARAMETER ブロックと似ているが，こちらでは NMODL ではなく NEURON 本体で定義されている変数に対して，単位を設定している．

・BREAKPOINT ブロック：NMODL ファイルで最も重要なブロックであり，計算の実体が書かれており，この式が各コンパートメントにおいて，シミュレーションステップごとに計算されることとなる．この例では，このコンパートメントでの電位 v と平衡電位 e の差が，抵抗にかかるため，i=g*(v-e) により，このコンパートメントを通る電流を計算している．

また，ここでは出てこなかったが，：以降や COMMENT, ENDCOMMENT で囲われた部分はコメントとして扱われる．

10.6.2　hh.mod の概要

少し長いが，hh.mod の中身も見てみよう．

ソースコード 10-8：hh.mod（説明のため一部改変）
```
TITLE hh.mod     squid sodium, potassium, and leak channels

COMMENT
  This is the original Hodgkin-Huxley treatment for the
    set of sodium, potassium, and leakage channels found
    in the squid giant axon membrane.
  ("A quantitative description of membrane current and
```

its application conduction and excitation in nerve"
   J.Physiol. (Lond.) 117:500-544 (1952).)
 Membrane voltage is in absolute mV and has been reversed
   in polarity from the original HH convention and shifted
   to reflect a resting potential of -65 mV.
 Remember to set celsius=6.3 (or whatever) in your HOC
   file.
 See squid.hoc for an example of a simulation using this
   model.
 SW Jaslove 6 March, 1992
ENDCOMMENT

UNITS {
    (mA) = (milliamp)
    (mV) = (millivolt)
    (S) = (siemens)
}

? interface
NEURON {
    SUFFIX hh
    USEION na READ ena WRITE ina
    USEION k READ ek WRITE ik
    NONSPECIFIC_CURRENT il
    RANGE gnabar, gkbar, gl, el, gna, gk
    GLOBAL minf, hinf, ninf, mtau, htau, ntau
    THREADSAFE : assigned GLOBALs will be per thread
}

PARAMETER {
    gnabar = .12 (S/cm2)   <0, 1e9>

10.6 コンパートメントメカニズム

```
    gkbar=.036(S/cm2)    <0, 1e9>
    gl=.0003(S/cm2)      <0, 1e9>
    el=-54.3(mV)
}

STATE {
    m h n
}

ASSIGNED {
    v(mV)
    celsius(degC)
    ena(mV)
    ek(mV)

    gna(S/cm2)
    gk(S/cm2)
    ina(mA/cm2)
    ik(mA/cm2)
    il(mA/cm2)
    minf hinf ninf
    mtau(ms) htau(ms) ntau(ms)
}

? currents
BREAKPOINT {
    SOLVE states METHOD cnexp
    gna = gnabar * m * m * m * h
    ina = gna * (v - ena)
    gk = gkbar * n * n * n * n
    ik = gk * (v - ek)
```

```
        il=gl*(v-el)
}

INITIAL{
    rates(v)
    m=minf
    h=hinf
    n=ninf
}

? states
DERIVATIVE states{
    rates(v)
    m'=(minf-m)/mtau
    h'=(hinf-h)/htau
    n'=(ninf-n)/ntau
}

 :LOCAL q10

? rates
PROCEDURE rates(v(mV)){:Computes rate and other constants
                        at current v.
                      :Call once from HOC to initialize
                       inf at resting v.
    LOCAL alpha, beta, sum, q10
    TABLE minf, mtau, hinf, htau, ninf, ntau DEPEND
    celsius FROM -100 TO 100 WITH 200

UNITSOFF
    q10=3^((celsius-6.3)/10)
```

```
            :"m" sodium activation system
      alpha=.1*vtrap(-(v+40), 10)
      beta=4*exp(-(v+65)/18)
      sum=alpha+beta
   mtau=1/(q10*sum)
      minf=alpha/sum
            :"h" sodium inactivation system
      alpha=.07*exp(-(v+65)/20)
      beta=1/(exp(-(v+35)/10)+1)
      sum=alpha+beta
   htau=1/(q10*sum)
      hinf=alpha/sum
            :"n" potassium activation system
      alpha=.01*vtrap(-(v+55), 10)
      beta=.125*exp(-(v+65)/80)
   sum=alpha+beta
      ntau=1/(q10*sum)
      ninf=alpha/sum
}


FUNCTION vtrap(x,y){:Traps for 0 in denominator of rate eqns.
   if (fabs(x/y)<1e-6){
     vtrap=y*(1-x/y/2)
   }else{
     vtrap=x/(exp(x/y)-1)
   }
}

UNITSON
```

pas.mod に比べ，多少複雑になっているが，重要な部分は限られている．主要

なブロックに焦点をあてて，読んでみよう．

NEURONブロックでは，SUFFIXに，hhが指定されており，これまで値を設定してきたgnabar_hh，gkbar_hhは，このNMODファイルの中の変数であることがわかる．また，pas.modの時と異なり，イオンを指定しない電流（NONSPECIFIC_CURRENT il）だけでなく，各イオンのなす電流（USEION na, USEION k）も参照するようになっている．これは，他のメカニズムと共同して用いる際に重要となる．

最重要はやはりBREAKPOINTブロックである．pas.modと同様，このブロックの内容が，シミュレーションタイムステップごとに計算される．また，式(10.2)に対応していることがわかる．また，最初の

```
SOLVE states METHOD cnexp
```

は，statesという関数に書かれた微分方程式を，cnexpと呼ばれる数値解法で計算することを指示しており，cnexpはクランク-ニコルソン法のことである（ただし，ホジキン-ハクスリー方程式のm, h, nのような常微分方程式の場合は，Exponential Integratorを用いた数値積分法になるようだ）．他にもオイラー法（euler），ルンゲクッタ法（runge）などが指定できる．

実際に微分方程式を記述している部分を見てみよう．微分方程式のブロックは

```
DERIVATIVE 関数名
```

として記述されている．先ほど指定されていたstatesを見てみると，その中でさらにratesという関数を呼んだ後，m, h, nに対する微分方程式が記述されていることがわかる（m'は，dm/dtを表す）．rates関数では，mtau, minfといった微分方程式で使われている中間変数を計算しており，式(4)〜式(6)の，αやβとは，

$$m_\infty(V) = \frac{\alpha_m}{\alpha_m + \beta_m} \qquad \tau_m(V) = \frac{1}{\alpha_m + \beta_m} \tag{7}$$

$$h_\infty(V) = \frac{\alpha_h}{\alpha_h + \beta_h} \qquad \tau_h(V) = \frac{1}{\alpha_h + \beta_h} \tag{8}$$

$$n_\infty(V) = \frac{\alpha_n}{\alpha_n + \beta_n} \qquad \tau_n(V) = \frac{1}{\alpha_n + \beta_n} \tag{9}$$

といった関係がある．

このように，ホジキン-ハクスリー方程式と対応させて読解することで，

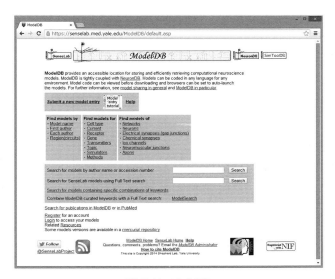

図 10.24　ModelDB

NEURONにおけるモデルのしくみについて理解ができたと思う（なお本節では触れなかったが，NEURONの実際の計算では，各 V に対する minf, mtau, hinf, htau, ninf, ntau の値を事前に計算し，テーブルとして保存しておくことで，計算時間を短くする工夫がなされている）．

10.6.3　NMODL の活用

ここまで，NEURON に最初から登録されている NMODL ファイルについて解説してきた．これらの知識をもとに，自分で1から微分方程式を NMODL ファイルに記述することも可能だが，Gordon Shepherd らによって運営されている ModelDB（https://senselab.med.yale.edu/ModelDB/）では，さまざまな論文で用いられたシミュレーション用のファイルが登録されており，多くの参考になる HOC ファイルや NMODL ファイルを見つけることができる（図 10.24）．

なお，NMODL についてより詳しく知りたい場合は，巻末の引用・参考文献の Hines and Carnevale（2000）などを参照していただきたい．

10.7　神経回路シミュレーション

ここまで単一神経細胞のシミュレーションを行ってきた．次はこれらの神経細

胞をシナプスによりつなげることで神経回路をつくってみよう．

10.7.1　細胞定義のオブジェクト化

まず神経細胞ソースコードのオブジェクト化について説明しておこう．オブジェクト化を行うことで，複数のコンパートメントを1つのまとまりとして扱うことができ，同じものを複数用いることが容易になる．これまで，1つの細胞をaxonとdendという2つのパーツによって構成してきた．次に，2つの細胞を用意する際に，axonを2つ，dendを2つといったようにつくるのではなく，axonとdendをひとまとめにしたSimpleCellというオブジェクトをあらかじめ作成し，SimpleCellを2つ，というように作成することで，全体の見通しを良くすることができる．

ソースコード10-9は，ソースコード10-6から刺激入力部分を抜いたものと似ているが，オブジェクトとして扱うためにいくつかの点を修正してある．順に見ていこう．

ソースコード 10-9：source10_9.hoc
```
begintemplate SimpleCell
public init
public axon, dend

create axon, dend

proc init(){local x, y, z

    x = $1
    y = $2
    z = $3
    axon{
        pt3dclear()
        pt3dadd(0+x, 0+y, 0+z, 12)
        pt3dadd(15+x, 0+y, 0+z, 12)
```

```
        insert hh
        gnabar_hh = 0.12
        gkbar_hh = 0.04
    }

    dend{
        pt3dclear()
        pt3dadd(15+x, 0+y, 0+z, 1)
        pt3dadd(15+200+x, 0+y, 0+z, 1)

        insert pas
        nseg = 101
        Ra = 100
        g_pas = 0.001
        e_pas = -65
    }

    connect dend(0), axon(1)

}
endtemplate SimpleCell
```

・template 宣言：begintemplate と endtemplate で囲われており，この部分がオブジェクトの定義であることを示している．また，public 宣言により，外部からアクセスできる関数や変数を指定している．ここでは，init 関数や axon, dend コンパートメントにアクセスできるように記述してある．

・init 関数：これまで HOC での関数定義について触れてこなかったが，
proc 関数名 (){
}
という書式により，関数を定義することができる．この時，関数内のみで使用できる変数（例えば i）を，

```
proc 関数名 (){local i
}
```

のように記述することができる．現在の C 言語などと異なり，() の中ではないので注意してほしい．

また，オブジェクトの定義において，init 関数は特別であり，このオブジェクトが作成された時点（new など）で，自動的に呼ばれることとなる．これは，Java や C++ におけるコンストラクタと同じ役割である．

・コンパートメントの位置設定：この細胞を呼び出すためのコードはソースコード 10-10 のようになる．これは，実際のシミュレーションとしては，ソースコード 10-6 と同様だが，細胞定義の部分をオブジェクト化したことで，ソースコードの構造がわかりやすくなっていると思う．今の時点では大きな差はないが，今後複雑なシミュレーションになっていくに従って，このような構造化が重要になっていくので，知っておいてもらいたい．

念のため，ソースコード 10-10 を読み込み，シミュレーションを実行し，図 10.21 の時と同じ結果になることを確認しておこう．

ソースコード 10-10：source10_10.hoc

```
load_file("nrngui.hoc")
load_file("./source10_9.hoc")

objref cell1
objref stim

cell1 = new SimpleCell(0, 0, 0)

cell1.dend{
    stim = new IClamp(0.5)
    stim.del = 100
    stim.dur = 100
    stim.amp = 0.3
}
```

```
tstop = 300
dt = 0.001

printf("Initialize finished !\n")
```

10.7.2　シナプスのモデル化

　では，このようにオブジェクト化した細胞をシナプスでつないでみよう．NEURONでシナプスを作成するには，まずシナプス後末端を作成し，そこにシナプス前末端を接続するように作成する，といった手順を踏む．この時，シナプス前末端には，NetConと呼ばれるオブジェクトを用いる．NetConは，threshold変数を持ち，電位がこの値を超えた時，シナプス後末端にその情報を伝える役割を果たす．またシナプス後末端は，図10.25のように表現が可能であり，この時g_{syn}に流れる電流i_{syn}は，以下の式（10）で表すことができる．

$$i_{\mathrm{syn}} = g_{\mathrm{syn}}(V - V_{\mathrm{syn}}) \tag{10}$$

　この時問題となるのは，g_{syn}がどのように変化するかということだが，実験結果を再現するために以下のような式（11），（12），（13）が用いられることが多い（$w_1, w_2, w_3, T, T_1, T_2$は定数）．

$$g_{\mathrm{syn}} = w_1 \times t \exp\left(-\frac{t}{\tau}\right) \tag{11}$$

$$g_{\mathrm{syn}} = w_2 \times \exp\left(-\frac{t}{\tau}\right) \tag{12}$$

$$g_{\mathrm{syn}} = w_3 \times \left\{\exp\left(-\frac{t}{\tau_2}\right) - \exp\left(-\frac{t}{\tau_1}\right)\right\} \tag{13}$$

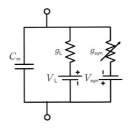

図10.25　シナプス後末端を含んだ1コンパートメントでの等価回路

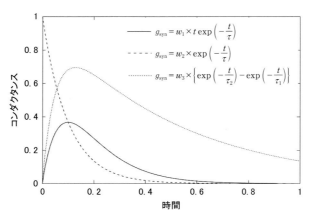

図 10.26 各シナプス関数におけるコンダクタンスの時間変化
$w_1 = 10$, $w_2 = w_3 = 1$, $\tau_1 = 0.05$, $\tau_2 = 0.15$.

　これらのシナプスモデルについて，NEURONでは，ExpSyn，Exp2Synなどとして用いることができる．それぞれの式でのg_{syn}の変化を図10.26に示す．

10.7.3　シナプスを含んだシミュレーション

　ExpSynを用いて，実際に2つの神経細胞を接続してみよう（ソースコード10-11）．まず先ほどオブジェクト化した細胞を2つ作成し（cell1，cell2），cell1に刺激を与えるようにする．そして，cell2の樹状突起（cell2.dend）にExpSynを作成し，cell1の軸索（cell1.axon）にそこに接続するNetConを作成する（図

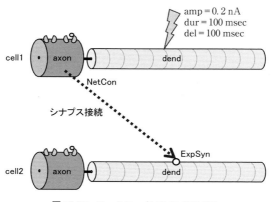

図 10.27　ソースコード10-11のモデル

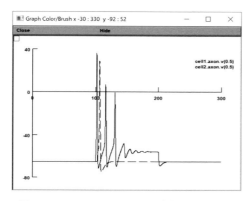

図 10.28 ソースコード 10-11 の実行結果
太線：cell1.axon の電位，点線：cell2.axon の電位．

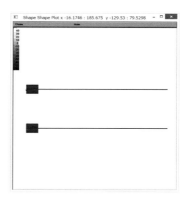

図 10.29 ソースコード 10-11 の形態表示（Shape Plot）

10.27)．グラフについては，cell1 軸索と cell2 軸索の電位（cell1.axon.v(0.5)，cell2.axon.v(0.5)）を表示するように設定しよう．この状態でシミュレーションを行った結果が，図 10.28 である．また先ほどと同様に ShapePlot の設定を行えば発火が伝わっていく様子を動画で見ることができる（図 10.29）．

ソースコード 10-11：source10_11.hoc

```
load_file("nrngui.hoc")
load_file("./source10_9.hoc")


objref cell1, cell2
objref stim
objref nc, syn

cell1 = new SimpleCell(0, 0, 0)
cell2 = new SimpleCell(0, -50, 0)

cell1.dend{
    stim = new IClamp(0.5)
    stim.del = 100
    stim.dur = 100
```

```
        stim.amp = 0.3
}

cell2.dend{
    syn = new ExpSyn(0.5)
}

cell1.axon{
    nc = new NetCon(&v(0.5), syn)
    nc.weight = 0.05

}

tstop = 300
dt = 0.001

printf("Initialize finished !\n")
```

10.7.4 EPSP と IPSP

ソースコード 10-11 では，接続先の細胞を興奮させるようなシナプス（EPSP；Excitatory Post Synaptic Potential）を作成した．シナプスにはこのほかにも接続先の細胞の発火を抑制するようなものも存在しており，これを IPSP（Inhibitory Post Synaptic Potential）と呼ぶ．IPSP の場合は，EPSP と同様の式で，シナプス電位（V_{syn}）が低い（$-50\,\mathrm{mV} \sim -100\,\mathrm{mV}$）状態としてモデル化することが可能である．これについて，ソースコード 10-12 のような，cell2 の同じ場所に，cell1 からは EPSP，cell3 からは IPSP を受けるようなモデルでシミュレーションをしてみよう（図 10.30）．

10.7 神経回路シミュレーション

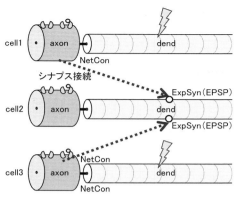

図 10.30 ソースコード 10-12 のモデル

ソースコード 10-12：source10_12.hoc
```
load_file("nrngui.hoc")
load_file("./source10_9.hoc")

objref cell1, cell2, cell3
objref stim1, stim2
objref nc1, nc2, syn1, syn2

cell1 = new SimpleCell(0, 0, 0)
cell2 = new SimpleCell(0, -50, 0)
cell3 = new SimpleCell(0, -100, 0)

cell1.dend{
    stim1 = new IClamp(0.5)
    stim1.del = 100
    stim1.dur = 100
    stim1.amp = 0.3
}

cell3.dend{
```

```
    stim2 = new IClamp(0.5)
    stim2.del = 100
    stim2.dur = 100
    stim2.amp = 0.3
}

cell2.dend{
    syn1 = new ExpSyn(0.5)
    syn1.e = 0

    syn2 = new ExpSyn(0.5)
    syn2.e = -80
}

cell1.axon{
    nc1 = new NetCon(&v(0.5), syn1)
    nc1.weight = 0.1
}

cell3.axon{
    nc2 = new NetCon(&v(0.5), syn2)
    nc2.weight = 0.05
}

tstop = 300
dt = 0.001

printf("Initialize finished !\n")
```

なお，このモデルにおいて，シナプスの強度（nc の weight）を変えることで，cell2 のスパイクの挙動が変化することを実験してほしい（図 10.31）．その他にも，

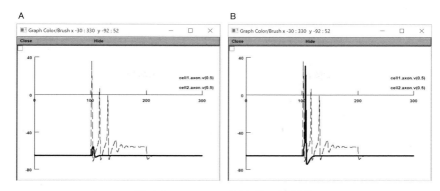

図 10.31 ソースコード 10-12 の実行結果
点線：cell1.axon の電位，太線：cell2.axon の電位．A：nc2.weight = 0.05，B：nc2.weight = 0.04．

このモデルでは EPSP のシナプスも IPSP のシナプスも同じ場所に作成しているが，IPSP をより axon に近い位置にすることで，より weight が小さくてもスパイクが発生しないといった現象を観測することが可能である．

10.8 複雑な形態を含んだ神経回路シミュレーション

10.8.1 SWC 形式による細胞形態の記述

ここまでで，単純ではあるものの形態を含んだ神経細胞の記述法と，それらの神経細胞をシナプスで接続することで神経回路を構築し，シミュレーションを行うための手法について紹介した．しかし，より形態的に複雑な神経細胞をシミュレーションする際に，今までと同様に HOC ファイルに詳細な形態情報を記述するのは，ソースコードの見やすさや構造化の観点から望ましくない．そこで，SWC と呼ばれる形式で細胞の形態を記述しておき，それを HOC から読み込むことで，シミュレーション環境の構築を行うことにする．まず，SWC 形式の概要について述べよう．SWC は，提案者である，E. W. Stockley, H. V. Wheal, H. M. Cole の頭文字から名付けられ，細胞形態をスペース区切りテキストとして表現することができる．ソースコード 10-13 に SWC ファイルの一例を示す．

ソースコード 10-13：sample.swc

```
#ORIGINAL_SOURCE neb_SWC_Tools
#SHINKAGE_CORRECTION 1.000000 1.000000 1.000000
```

```
#VERSION_NUMBER 0.1
#VERSION_DATE 2017-06-26
#SCALE 1.0 1.0 1.0

1 0 100.0 100.0 100.0 1.0 -1
2 0 200.0 100.0 100.0 1.0 1
3 0 300.0 150.0 100.0 1.0 2
3 0 300.0 50.0 100.0 1.0 2
```

まず，最初の # から始まる部位はヘッダーである．この中では #SCALE が特に重要であり，SWC ファイルで記述されている数字が，X 方向，Y 方向，Z 方向それぞれに対して何 μm に相当するかが記述されている．この例では，X，Y，Z ともに 1.0 なので，この後に記述されている数字は，そのまま μm として読むことができる．次にヘッダーが終わった後のデータ列について述べよう．これは順に ID，タイプ，X 座標，Y 座標，Z 座標，直径，親 ID となっている．順に見ていくと，端点 1 は，(100, 100, 100) の座標に存在し，親は −1（これは親が存在しないことを表す）である．次に端点 2 は，(200, 100, 100) の座標に存在し，親は端点 1 である．さらに端点 3 は (300, 150, 100) の座標に存在し，親は端点 2 であり，端点 4 は (300, 50, 100) の座標に存在し，親は端点 3 と同様に端点 2 である（図 10.32）．

10.8.2 NEURON による SWC ファイルの読み込み

次に，SWC ファイルを用いたシミュレーションを行う．ただし，SWC ファイルを読み込む部分については，煩雑となるため，事前に作成したファイル（load_swc.hoc）を使用する．source10_15.hoc を読み込み，Shape Plot により細胞形態

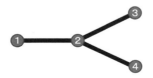

図 10.32 sample.swc の構造

10.8 複雑な形態を含んだ神経回路シミュレーション

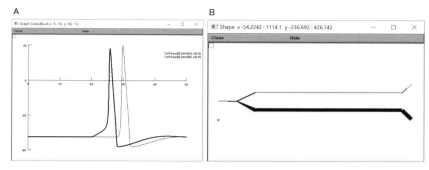

図 10.33 sample.swc の構造
A：ソースコード 10-15 の実行結果，B：細胞形態．

を表示すると，図 10.33 右のように途中から二股に分かれ，片方は細く，もう片方は太い形態を確認することができる．

ここでは，図 10.33 右の左端に刺激を与え，右端の 2 点で電位変化を観測することにしよう．刺激の設定はすでに入っているので，Voltage axis 上で，右上端の CellSwc[0].Dend[3] と右下端の CellSwc[0].Dend[6] を観測点に加えよう．なお，SWC のコンパートメント番号と NEURON 上での Dend の番号には，ズレがあるので注意していただきたい．実際にシミュレーションを行うと図 10.33 左のような波形を得ることができる．コンパートメントの太さ以外はすべて同一条件であるが，太い経路をたどる右下端の方が，スパイクが先に到達してることがわかる．

このように，基礎的な物理特性上，太い神経のほうが速くスパイクを伝達することができる．ホジキンやハクスリーが実験を行ったヤリイカの神経細胞は特に太いものとして知られており，ヤリイカの素早い挙動の基盤になっていると考えられる．

このシミュレーションからわかるように，神経細胞の膜電位変化は，太さや分枝パターンにより大きな影響を受ける．実際の神経細胞は非常に複雑な形態を有しており，このような場合にどういった電位の変化が起きるかを予測するには，本節で述べたような，シミュレーションを用いることが不可欠となる．

ソースコード **10-14**：dend.swc

```
#ORIGINAL_SOURCE neb_SWC_Tools
#SHINKAGE_CORRECTION 1.000000 1.000000 1.000000
#VERSION_NUMBER 0.1
#VERSION_DATE 2017-06-26
#SCALE 1.0 1.0 1.0


1 0 0.0 100.0 100.0 1.0 -1
2 0 100.0 100.0 100.0 1.0 1
3 0 200.0 150.0 100.0 0.1 2
4 0 1000.0 150.0 100.0 0.1 3
5 0 1050.0 200.0 100.0 0.1 4
6 0 200.0 50.0 100.0 20 2
7 0 1000.0 50.0 100.0 20 6
8 0 1050.0 0.0 100.0 20 7
```

10.9 試験的なカイコガ脳の前運動中枢シミュレーション

　これまで紹介した手法により，やっとカイコガ脳のシミュレーションを進めていくための下準備を行うことができた．8章から10章で述べた手順を経ることで，図10.34（**口絵12**）のような，標準脳座標系にマッピングされた，シミュレーション可能なカイコガ神経回路モデルを作成することが可能となる．

　当然，これでカイコガの脳が完成したというわけではなく，これはあくまでもひな形に過ぎない．しかし，次節で見ていくように，このひな形に，実験から得られたさまざまな情報を入れていくことで，実際の脳に近づけて行くことが可能になる．

ソースコード **10-15**：source10_15.hoc

```
load_file("nrngui.hoc")
load_file("./loadSwc.hoc")
```

```
objref cell
objref stim

cell = new CellSwc("./dend.swc", 0, 0, 0)

CellSwc[0].Dend[0]{
    stim = new IClamp(0.5)
    stim.del = 20
    stim.dur = 100
    stim.amp = 2.0
}

tstop = 50
printf("Initialize finished !\n")
```

10.10 カイコガ全脳シミュレーションとその課題

　ここまで，形態的な要素を組み込んだカイコガ脳シミュレーションを行うための手法について述べてきた．本節では，この試験的なカイコガ脳モデルを実際のカイコガ脳に近づけていくために必要な課題と現在の取り組みについて述べる．

10.10.1　神経細胞の膜特性推定

　最初に単一神経細胞レベルで，実際の細胞に近づける方法について述べよう．まず，今回のシミュレーションでは各細胞にホジキン-ハクスリーモデルを仮定してシミュレーションを行っているが，章の最初に述べた通り，これはヤリイカの巨大神経細胞由来のモデルであり，当然すべての神経細胞にそのまま適用できるわけではない．ただし，実際の神経細胞と全く乖離しているというわけではなく，ホジキン・ハクスリーモデルに Ca^{2+} イオンの動態や Ca^{2+} イオン依存性のチャネルを追加するといった拡張を行うことで，さまざまな神経細胞の動態をうまく再現できるようになる．また，このようなモデル自体の問題のほかに，モデルで使用されている各種パラメータ（膜容量 C_m や各種イオンに対する最大コンダクタンス g_K, g_{Na} など）の値を決定することが必要となる．この問題に対し，

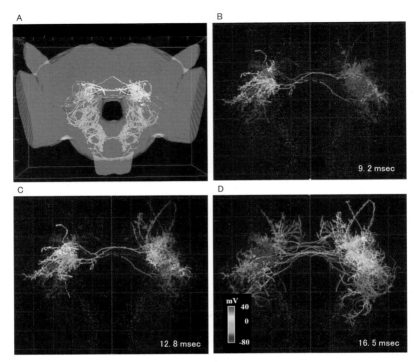

図 10.34（口絵 12） カイコガ前運動中枢（LAL-VPC）の神経回路における活動のスーパーコンピュータ「京」によるシミュレーション
A：前運動中枢の神経回路．B〜D：各時間ごとの神経活動の様子．スケール：膜電位．

われわれは遺伝的アルゴリズムやCMA-ES（Covariance Matrix Adaptation Evolution Strategy）といった進化的アルゴリズムを用いた推定プログラムを開発し，電気生理実験結果と同じような応答を示すパラメータの探索を行ってきた．

この手法の流れを順に説明すると以下のようになる（図10.35）．

1. 推定したいパラメータに対し，ランダムに値を生成する．この時，パラメータの1セットを遺伝子と呼ぶ．
2. 生成した各遺伝子を用いてシミュレーションを行う．
3. シミュレーションによって出力された波形と実験結果を比較し，似ているものは残す，全く異なるものは捨てる，といった作業を行う．
4. 残った遺伝子をもとに，次の世代の遺伝子セットを生成する．
5. 2に戻り，新しい遺伝子を用いてシミュレーションを行う．

10.10 カイコガ全脳シミュレーションとその課題　　191

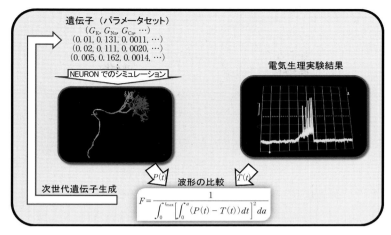

図 10.35　パラメータ推定手法（遺伝的アルゴリズムの場合）

　これを繰り返すことで，実験結果と同じ波形を出力するパラメータを得ることができる．

　ただし，複数のパラメータ間で互換性があるような条件も存在し，特に形態的な特徴を含めて推定を行った場合推定が困難になりやすい．このような問題に対処するため，実験を行う際にどのような刺激を用いれば，よりパラメータの推定がしやすくなるかといった点も合わせて研究を進めている．

10.10.2　シナプス結合部位の推定

　もし，各神経細胞の特性を決定することができたとしても，まだ大きな問題が残っている．それは，各神経細胞がどのようにシナプスで接続されているかという問題である．先ほどのシミュレーションでは，神経細胞の標準脳（8章参照）へのマッピング結果をもとに，細胞の分枝が近くに来ていればシナプスを構成している可能性が高いと仮定し接続した．この手法により，ある程度シナプス接続の可能性を予想することは可能だが，詳しくどの場所にシナプスがあるかといったことを推定するためには，現在ではまだ標準脳の精度が十分とは言えない．また，このような形態学的シナプス予測では，シナプスの強度や興奮性か抑制性かといった特性を予測することは困難である．そこで，7章で見たような発火パターンをもとにした回路推定手法や，複数細胞の同時計測やCaイメージングといっ

た実験結果に対して進化的アルゴリズムを適用する手法など，活動特性からシナプス接続を推定する手法と突き合わせ，互いに検証していくことが必要となる．そのほかにも，各種抗体を用いて特定のシナプスを染色し，それを標準脳上にマッピングすることができれば，シナプス位置と特性についての有力な手がかりとなる．

このようにさまざまな推定方法が存在し，それらにはそれぞれ長所・短所があるため，最終的に，由来が全く異なる複数の情報をいかにして1つのモデルに統合していくかが今後非常に重要な課題になってくると考えられる．

10.11 計算性能というもう1つの大きな壁

ここまで，「いかにして脳モデルを構築するか」という点に焦点を合わせて述べてきたが，もう1つの重要な側面である「いかにして構築したモデルを計算するか」，という点にも簡単ではあるが触れておこう．10.10節で見たカイコガ脳モデルでは，200 msec のシミュレーションを行うために，筆者の PC（Intel Core i7 2.8 GHz）では約 860 秒の時間が必要であった．カイコガの脳内への入力から，行動の指令信号をつくる脳からの出力領域である前運動中枢（LAL-VPC）領域に至るまで，およそ 10^4 個の神経細胞があると見積もっているので，もし同じ PC 環境で，入力から LAL-VPC までの全神経細胞スケールのシミュレーションを行うとすれば，

$$約 860,000 秒 = 238 時間 = 10 日$$

かかることになる．これだけでも非常に大変なことだが，さらに脳のシミュレーションを行う上で考慮に入れるべき要素が2つある．

1つ目は，リアルタイムでのシミュレーションを行いたい，ということである．他の章でも見たように，脳という情報処理装置は，ただ外部からの情報を受けるだけでなく，情報に対して能動的に作用すること（カイコガの場合であれば匂い源に進んでいく行動）に特徴がある．このような機構を明らかにするためには，シミュレーションを行うだけでは完結せず，ロボットなどを実環境に置き，外部情報を脳のモデルに入力し，そのシミュレーションの結果をもとにロボットを動かす，といった閉ループ環境を構築することが重要になってくると考えている．そのため，モデルシミュレーションは実際の脳と同等速度で動くことが望ましい．これはつまり，1秒間のシミュレーションを1秒間で行う必要がある，というこ

とである．前述の結果をもとにすると，10,000 神経細胞をリアルタイムでシミュレーションするためには筆者が使用した PC の 4,300,000 倍の性能のコンピュータが必要になってしまう．

2 つ目は前節で見たような推定問題をどう解決するかということである．基本的に，各種推定を行うためには，そのモデルのシミュレーションを多数実行する必要がある．その場合，必要になる計算量は単純にシミュレーションを行う場合よりも非常に大きくなる．簡単な例をあげると，遺伝的アルゴリズムを用いて，100 遺伝子 100 世代規模の推定を行う場合，ただシミュレーションするだけの場合よりも 10,000 倍の時間がかかるわけである．

このような莫大な計算量にどのように対処するかは非常に難しい問題だが，1 つ欠かすことができない方法は，スーパーコンピュータを使う，ということである．われわれは 2012 年当時世界最高の性能を持っていたスーパーコンピュータである理化学研究所のスーパーコンピュータ「京」を用い，計算量の問題にはたしてどこまでたどり着くことができるのか挑戦を行った．

スーパーコンピュータは通常の PC とは文字通り桁違いの性能を持っているが，その性能を十分に引き出すには多くの難しい課題が存在する．一例をあげると，実はスーパーコンピュータの使用している CPU の性能自体は，一般の PC と大きな差はない．では何がスーパーコンピュータの莫大な性能をつくり出しているかというと，同じ CPU を非常に大量に並べ，協調的に動かすことができるからである．スーパーコンピュータ「京」の場合であれば，約 640,000 個の CPU コア（CPU とみなせる最小単位）から構成されており，これらを「並列」に動作させることが必要となる．また，それだけでなく，スーパーコンピュータ用の CPU は，同じ演算（掛け算や足し算など）を複数のデータに同時に行うことで処理速度を上げるしくみである SIMD（Single Instruction Multiple Data）と呼ばれる機構を用いて性能を上げている．そのため，SIMD に対応できるようなプログラムを書かなければ，望むような性能を得ることは不可能なわけだ．

われわれは，前述の NEURON をスーパーコンピュータ「京」上に移植し，さらに並列性能・CPU 単体での性能両面からのプログラムの最適化を行うことで，CPU コア単体の性能では 340 MFLOPS（FLOPS とは 1 秒間に行える浮動小数点演算の数を表す）から 1560 MFLOPS とこれまでの約 5 倍，性能を向上させ，スーパーコンピュータ「京」全体（約 640,000 コア）使用時では，286 TFLOPS

という性能を達成することができた．これは，10,000細胞を実時間より2倍遅いタイムスケールで計算できる規模であり，完全なリアルタイムにはまだ到達していないものの，それに迫る段階までくることができた．これは細胞形態を含んだ神経回路シミュレーションとしては現在（2018年1月1日）世界最大FLOPSのものである．

一方で「京」の後継機となるポスト「京」の開発が2014年に始まり，2020年頃の稼働に向けてアプリケーションの開発も始まった．ポスト「京」では，国の基幹技術として国家的に解決を目指す社会的・科学的課題に戦略的に取り組み，わが国の成長に寄与し世界を先導する成果を創出することが期待されている．われわれの昆虫脳の再現に関する研究もポスト「京」に引き継がれ，2016年8月に本格始動した．ここでは，昆虫全脳規模となる10^6個の神経細胞について，細胞の形態を考慮した詳細シミュレーションを実時間スケールで達成することが目標となっている．

あとがき

　コンピュータの高速・大容量化，インターネット環境の充実に伴って，人工知能の実用化が期待されている．しかしながら，人間のような知能を持つ機械が本当に創れるだろうか？　はたまた，動物のように動き回り，しかも環境に柔軟に適応できる機械を手に入れることはできるだろうか？　長年にわたる人類の夢に向かってのチャレンジが続いている．このような研究，開発にあたって，生物の脳の機能やしくみについての研究成果が大いに活かされているのは言うまでもない．ヒトとはかなり違う生き物のしくみを調べることは，一見遠回りなように思えるが，生物に共通しているしくみや特定の種に見られる特徴的な機能を明らかにすることで，生物に関する本質的な理解が深まり，応用へとつながると考えられる．

　さて，神崎亮平教授をリーダーとする東京大学先端科学技術研究センターの研究チームは，カイコガの匂い源探索行動に注目し，カイコガの脳をモデルとして研究を進めている．第4章で述べられているように匂いはフィラメントというかたまりとして空中に不連続に分布していることから，時々刻々と変化する環境下において，その源を探索することは困難な課題である．カイコガの匂い源探索のように，初めて経験する環境に対しても柔軟に適応し，問題を解決する能力は生物脳の優れた点であり，まさに人工知能が実現を目指している機能の1つなのである．

　カイコガのオスは，メスが放出するフェロモン（ボンビコール）を感知し，メスを探索する行動を起こすが，実は，動物の行動を確実に引き起こすことは案外難しいことである．例えば，皆さんが同じ教室で授業を受けている時の状態を思い浮かべてみると，先生の話を一生懸命に聞いている人，ボーっとしている人，ちょっとサボって落書きをしている人などさまざまであろう．特定の刺激によって確実に同じ行動を繰り返し生じさせることができるという意味で，カイコガは

非常に優れた実験動物である．また，「昆虫操作型ロボット」で述べられているように，匂い源探索においては，単なる匂いだけを使っているのではなく，自身の動きを視覚情報により補正しながら行動していることがわかっている．さらには，概日リズムやフェロモン刺激への慣れなどによる脳の内部状態のダイナミックな変化の影響も受けており，一見単純そうに見える匂い源探索という行動もかなり複雑なしくみでコントロールされているのである．

　脳機能の解明にあたっては，電気生理実験などによって脳の構成部品と考えられるニューロンの構造や機能を明らかにするのが伝統的な手法であるが，それに加えて，カイコガではゲノムが解読されており，遺伝子操作技術を適用することができる．もちろんショウジョウバエをはじめ他の昆虫においても同様の研究が進められているが，カイコガではニューロンのサイズが比較的大きく電気的な応答も計測しやすいという利点がある．個々のニューロンが同定できることから第6章で述べられたように，1,500個以上のニューロンの構造，応答などがデータベース BoND に登録，管理されている．さらに，そのデータを脳の地図である標準脳へ埋め込んでいく研究も進められているが，これは一度バラバラに分解した機械を再び組み立てるような作業である．第1章で紹介したように，現在，こうして再構築された脳モデルを用いて，実時間スケールでのシミュレーションがスーパーコンピュータ上で試みられている．

　このような一連の研究により，カイコガの匂い源探索という行動が，脳から出力される特徴的なフリップフロップ様の神経信号によってコントロールされていることが明らかになってきている．カイコガ脳内における主要なフェロモン情報経路については，単一ニューロンレベルで追跡が行われ，有名な学術論文紙 *Nature Communications* でも取り上げられている．

　最後に，本書は単に読んで知識を得るだけでなく，実際に一連の作業を自分のコンピュータで体験できることを目的にしており，読者自身が実際にデータおよびソフトウェアをダウンロードすることで，ニューロンを表示し，標準脳を操作してみることができる．ぜひ，本書を片手に実際のデータを扱ってみて，その作業を体験していただきたい．その意味で，本書は従来にないユニークな生物学の本である．高校の生物の教科書などで，ニューロンや活動電位については学んだ人も多いだろうが，実際のところそれらは縁遠いものだったのではないだろうか．本書を通じて，われわれ自身の意識，知能を創り出しているニューロンや脳を身

近に感じ，脳が持つ素晴らしい機能，脳に関する様々な病気に対する治療への取り組み，生物のような知能を持つロボットの開発などに関心を持っていただければ，執筆者グループの思いは達せられたと言える．

池 野 英 利

引用・参考文献

第1章
平成28年（2016）厚生労働省人口動態統計の年間推計
　http://www.mhlw.go.jp/toukei/saikin/hw/jinkou/suikei16/dl/2016suikei.pdf
日本医療研究開発機構　脳科学研究戦略推進プログラム
　http://www.amed.go.jp/program/list/01/04/012.html
理化学研究所　計算科学研究機構
　http://www.aics.riken.jp/
Human Brain Project　https://www.humanbrainproject.eu/
Brain Initiative
　https://en.wikipedia.org/wiki/BRAIN_Initiative
　https://www.braininitiative.nih.gov/?AspxAutoDetectCookieSupport=1

第2章
阿形清和, 小泉　修編（2007）『神経系の多様性：その起源と進化』（シリーズ21世紀の動物科学7巻），培風館.
Alan J. McComas著, 酒井正樹, 高畑雅一訳（2014）『神経インパルス物語―ガルヴァーニの火花からイオンチャネルの分子構造まで―』，共立出版.
Campbell N A, Reece J B著, 小林興監訳（2010）『キャンベル生物学』，丸善.
日本比較生理生化学会編（2009）『さまざまな神経系をもつ動物達―神経系の比較生物学』（動物の多様な生き方5巻），共立出版.

第3章
Fukushima R, Kanzaki R (2009) Modular subdivision of mushroom bodies by Kenyon cells in the silkmoth. *Journal of Comparative Neurology* **513**: 315-330.
神崎亮平（2009）『ロボットで探る昆虫の脳と匂いの世界―ファーブル昆虫記のなぞに挑む』（香り選書10），フレグランスジャーナル社.
昆虫生命科学研究10年計画検討委員会（2007）『昆虫生命科学研究の現状と将来の方向性―多様性創出原理の分子レベルでの解明を目指して』，農業生物資源研究所.
水波　誠（2006）『昆虫―驚異の微小脳』（中公新書），中央公論新社.
Okada R, Sakura M, Mizunami M (2003) Distribution of dendrites of descending neurons and its implications for the basic organization of the cockroach brain. *Journal of Comparative Neurology* **458**: 158-174.

第4章

Ando N, Emoto S, Kanzaki R (2013) Odour-tracking capability of a silkmoth driving a mobile robot with turning bias and time delay. *Bioinspiration & Biomimetics* **8**(1): 016008.

Gatellier L, Nagao T, Kanzaki R (2004) Serotonin modifies the sensitivity of the male silkmoth to pheromone. *Journal of Experimental Biology* **207**(14): 2487-2496.

神崎亮平 (2014) 『サイボーグ昆虫，フェロモンを追う』岩波科学ライブラリー 228, 岩波書店.

Kanzaki R, Ikeda A, Shibuya T (1994) Morphological and physiological properties of pheromone-triggered flipflopping descending interneurons of the male silkworm moth, *Bombyx mori*. *Journal of Comparative Physiology A* **175**: 1-14.

Pansopha P, Ando N, Kanzaki R (2014) Dynamic use of optic flow during pheromone tracking by the male silkmoth. *Bombyx mori*. *Journal of Experimental Biology* **217**(10): 1811-1820.

Takasaki T, Namiki S, Kanzaki R (2012) Use of bilateral information to determine the walking direction during orientation to a pheromone source in the silkmoth *Bombyx mori*. *Journal of Comparative Physiology A* **98**(4): 295-307.

Namiki S, Iwabuchi S, Kono P P, Kanzaki R (2014) Information flow through neural circuits for pheromone orientation in the moth. *Nature Communications* **5**: 5919.

Minegishi R, Takashima A, Kurabayashi D, Kanzaki R (2012) Construction of a brain-machine hybrid system to evaluate adaptability of an insect. *Robotics and Autonomous Systems* **60**(5): 692-699.

第5章

Ai H, Kanzaki R (2004) Modular organization of the silkmoth antennal lobe macroglomerular complex by optical imaging. *Journal of Experimental Biology* **207**(4): 633-644.

Fujiwara T, Kazawa T, Sakurai T, Fukushima R, Uchino K, Yamagata T, Namiki S, Haupt S S, Kanzaki R (2014) Odorant concentration differentiator for intermittent olfactory signals. *Journal of Neuroscience* **34**(50): 16581-16593.

Sakurai T, Mitsuno H, Haupt S S, Uchino K, Yokohari F, Nishioka T, Kobayashi I, Sezutsu H, Tamura T, Kanzaki R (2011) A single sex pheromone receptor determines chemical response specificity of sexual behavior in the silkmoth *Bombyx mori*. *PLoS Genetics* **7**(6): e1002115.

Tabuchi M, Inoue S, Kanzaki R, Nakatani K (2012) Whole-cell recording from Kenyon cells in silkmoths. *Neuroscience Letters* **528**(1): 61-66.

Tabuchi M, Sakurai T, Mitsuno H, Namiki S, Minegishi R, Shiotsuki T, Uchino

K, Sezutsu H, Tamura T, Haupt S S, Nakatani K, Kanzaki R (2013) Pheromone responsiveness threshold depends on temporal integration by antennal lobe projection neurons. *Proceedings of the National Academy of Sciences of USA* **110**: 15455-15460.

Unal M, Alapan Y, Jia H, Varga AG, Angelino K, Aslan M, Sayin I, Han C, Jiang Y, Zhang Z, Gurkan UA (2014) Micro and nanoscale technologies for cell mechanics. *Nanobiomedicine* **1**: 5.

Yamagata T, Sakurai T, Uchino K, Sezutsu H, Tamura T, Kanzaki R (2008) GFP labeling of neurosecretory cells with the GAL4/UAS system in the silkmoth brain enables selective intracellular staining of neurons. *Zoological Science* **25**: 509-516.

第 6 章

Iwano M, Hill ES, Mori A, Mishima T, Kumagai T, Ito K, Kanzaki R (2010) Neurons associated with the flip-flop activity in the lateral accessory lobe and ventral protocerebrum of the silkworm moth brain. *Journal of Comparative Neurology* **518** (3): 366-388.

岩田 彰,松原俊之(1996)ニューラルネットワーク入門.
http://www-ailab.elcom.nitech.ac.jp/lecture/neuro/menu.html

比較神経科学プラットフォーム委員会(2017)比較神経科学プラットフォーム.
http://cns.neuroinf.jp/

神崎亮平(2014)『サイボーグ昆虫,フェロモンを追う』(岩波科学ライブラリー 228),岩波書店.

無脊椎動物脳プラットフォーム委員会(2009)無脊椎動物脳プラットフォーム.
http://invbrain.neuroinf.jp/

西川郁子,小野島隆之,加沢知毅,並木重宏,池野英利,神崎亮平(2011)昆虫脳における運動指令生成のための神経回路の推定.信学技報 **111**(368): 65-68.

第 7 章

Esser S K, Merolla P A, Arthur J V, Cassidy A S, Appuswamy R, Andreopoulos A, Berg D J, McKinstry J L, Melano T, Barch D R, di Nolfo C, Datta P, Amir A, Taba B, Flickner M D, Modha D S (2016) Convolutional networks for fast, energy-efficient neuromorphic computing. *Proceedings of National Academy of Sciences of USA* **113** (41): 11441-11446.

Furber S B, Lester D R, Plana L A, Garside J D, Painkras E, Temple S, Brown A D (2013) Overview of the SpiNNaker System Architecture. *IEEE Transactions on Computers* **62**(12): 2454-2467.

Hoang R V, Tanna D, Jayet Bray L C, Dascalu S M and Harris F C (2013) A novel

CPU/GPU simulation environment for large-scale biologically realistic neural modeling. *Frontiers in Neuroinformatics* **7**：19.

Hodgkin A L, Huxley A F（1952）A quantitative description of membrane current and its application to conduction and excitation in nerve. *The Journal of Physiology* **117**(4)：500-544.

Izhikevich EM（2003）Simple Model of Spiking Neurons. *IEEE Transactions on Neural Networks* **14**(6)：1569-1572.

Kunkel S, Schmidt M, Eppler J M, Plesser H E, Masumoto G, Igarashi J, Ishii S, Fukai T, Morrison A, Diesmann M, Helias M（2014）Spiking network simulation code for petascale computers. *Frontiers in Neuroinformatics* **8**：78.

McCulloch W, Pitts W（1943）A logical calculus of the ideas immanent in nervous activity. *Bulletin of Mathematical Biophysics* **5**：115-133.

宮本大輔，加沢知毅，神崎亮平（2015）『昆虫嗅覚系全脳シミュレーションに向けて：スーパコンピュータによる大規模脳シミュレーションの現在とその展望』，人工知能学会誌 **30**(5)：630-638.

Rall W（1964）Theoretical significance of dendritic trees for neuronal input-output relations. In Neural Theory and Modeling（ed. Reiss RF），Stanford University Press.

Yamazaki T, Igarashi J（2013）Realtime Cerebellum：A large-scale spiking network model of the cerebellum that runs in realtime using a graphics processing unit. *Neural Networks* **47**：103-111.

Yavuz E, Turner J, Nowotny T（2016）GeNN：a code generation framework for accelerated brain simulations. *Scientific Reports* **6**：18854.

第8章
• 標準脳関係

Armstrong J D, Van Hemert J I（2009）Towards a virtual fly brain. *Philosophical Transactions of the Royal Society A* **367**：2387-2397.

Chiang A S, Lin C Y, Chuang C C, Chang HM, Hsieh C H, Yeh C W, Shih C T, Wu JJ, Wang G T, Chen Y C, Wu C C, Chen G Y, Ching Y T, Lee P C, Lin C Y, Lin H H, Wu C C, H W, Huang Y A, Chen J Y, Chiang H J, Lu C F, Ni RF, Yeh CY, Hwang J K（2011）Hsu Three-dimensional reconstruction of brain-wide wiring networks in drosophila at single-cell resolution. *Current Biology* **21**(1)：1-11.

Huetteroth W, Schachtner J（2005）Standardthree-dimensional glomeruli of the *Manduca sexta* antennal lobe：a tool to study both developmental and adult neuronal plasticity. *Cell and Tissue Research* **319**(3)：513-524.

池野英利，加沢知毅，並木重宏，ハウプト・ステファン・周一，西川郁子，神崎亮平（2011）

データベースを用いた脳・ニューロンデータの管理と活用．比較生理生化学誌 **28**：326-333．

Ikeno H, Kazawa T, Namiki S, Miyamoto D, Sato Y, Haupt S S, Nishikawa I, Kanzaki R (2012) Development of a Scheme and Tools to Construct a Standard Moth Brain for Neural Network Simulations. *Computational Intelligence and Neuroscience* **2012**：795291.

Kurylas A E, Rohlfing T, Krofczik S, Jenett A, Homberg U (2008) Standardized atlas of the brain of the desert locust, *Schistocerca gregaria*. *Cell and Tissue Research* **333**：125-145.

Kvello P, Løfaldli B B, Rybak J, Menzel R, Mustaparta H (2009) Digital, three-dimensional average shaped atlas of the *Heliothis virescens* brain with integrated gustatory and olfactory neurons. *Frontiers in Systems Neuroscience* **3**：14.

Minemoto T, Saitoh A, Ikeno H, Isokawa T, Kamiura N, Matsui N, Kanzaki R (2009) SIGEN：System for Reconstructing Three-Dimensional Structure of Insect Neurons, Proceedings of Asia Simulation Conference 2009 (JSST2009), CD-ROM, Oct.

Rybak J, Kuß A, Lamecker H, Zachow S, Hege H C, Lienhard M, Singer J, Neubert K, Menzel R (2010) The digital bee brain：integrating and managing neurons in a common 3D reference system. *Frontiers in Systems Neuroscience* **4**：30.

・Fiji 関係

Schindelin J, Arganda-Carreras I, Frise E, Kaynig V, Longair M, Pietzsch T, Preibisch S, Rueden C, Saalfeld S, Schmid B, Tinevez J.-Y, White D J, Hartenstein V, Eliceiri K, Tomancak P, Cardona A (2012) Fiji：an open-source platform for biological-image analysis. *Nature Methods* **9**(7)：676-682.

・ITK-SNAP 関係

Yushkevich P A, Piven J, Hazlett, H C, Smith R G, Ho S, Gee J C, Gerig G (2006) User-guided 3D active contour segmentation of anatomical structures：Significantly improved efficiency and reliability. *Neuroimage* **31**(3)：1116-28.

第10章

・概説・歴史

Moore J W (2010) A personal view of the early development of computational neuroscience in the USA. *Frontiers in Computational Neuroscience* **4**：Article 20.

Schwiening C J (2012) A brief historical perspective：Hodgkin and Huxley. *The Journal of Physiology* **590**(1)：2571-2575.

杉　晴夫（2006）『生体電気信号とはなにか』．講談社ブルーバックス．

・NEURON 関係

Carnevale N T, Hines M L (2006) The NEURON Book, Cambridge University Press.

Hines M L, Carnevale N T (2000) Expanding NEURON's repertoire of mechanisms with NMODL. *Neural Computation* **12**(5): 839-851.

Hines M L, Carnevale N T (2001) NEURON: a tool for neuroscientists. *Neuroscientist* **7**(2): 123-135.

Hines M L, Davison A P, Muller E (2009) NEURON and Python. *Front Neuroinformatics* **3**: 1.

池野英利（2015）『コンピュータで再現！神経活動―神経細胞の電気的活動シミュレーション』．研究者が教える動物実験　2巻（尾崎まみこ，村田芳博，藍　浩之，定本久世，吉村和也，神崎亮平編），pp. 124-128, 共立出版．

Imoto K (2009) A Simplifed Introduction to NEURON Simulator. http://www.nips.ac.jp/huinfo/documents/NEURON01.pdf.

● モデリング・シミュレーション

合原一幸，神崎亮平（2008）『理工系からの脳科学入門』，東京大学出版会．

Koch C (1998) Biophysics of Computation: Information Processing in Single Neurons, Oxford University Press.

宮川博義，井上雅司（2003）『ニューロンの生物物理』，丸善出版．

索　引

2値化処理　107, **118**, 121
3Dプリンタ　**99**, 107
BLUE BRAINプロジェクト　2
bombyxin　56, **57**
BoND　**8**, **65**, 72, 91
Brian　83
Caイメージング　→カルシウムイメージング法
CMA-ES　**190**
CNS-PF　→比較神経科学プラットフォーム
CUDA　**85**
cvapp　**126**
DNA　**11**
EPSP　**182**, 185
e-puck　**42**
Fiji　**91**, 92, 103
FLOPS　**193**
GABA　**15**, 71
GAL4　**55**, 56
GAL4-UASシステム　**55**, 56
GCaMP　**52**, 54
GENESIS　**83**
GFP（green fluorescent protein）
　→緑色蛍光タンパク質
GPGPU　**85**
GRAPE　**86**
γ-アミノ酪酸　→GABA
HHモデル　**80**
HOC（High Order Calculator）
　150, 151, 185
INCF（International
　Neuroinformatics
　Coordinating Facility）　**62**
IPSP　**182**, 185
ITK-SNAP　**91**, 94, 95, 112

IVB-PF　→無脊椎動物脳プラットフォーム
Izモデル　→イシュケビッチモデル
KNEWRiTE　**96**, 129
K⁺チャネル　**14**, 148
LAL　→側副葉
Moose　**83**
MPI（Message Passing
　Interface）　**84**
Na⁺チャネル　**14**, 148
NEST　**83**
NEURON　**83**, 140, **149**
NeuroRegister　**93**, 136
neuTube　**125**, 127
NIJC　**8**, **62**
optic flow　**31**
optogenetics　**5**, **54**
ParaView　**115**
PTTH　56, **57**
PyNN　**83**
SIGEN　**96**, 118
SIMD　**193**
SpiNNaker　**86**
SWC　**119**, 185
Vaa3D　**125**, 127

ア　行

アクチン　**57**
アセチルコリン　**15**, 71, 72
アフィン変換　**106**
アムダールの法則　**85**
アルツハイマー病　**3**

イオンチャネル　**12**
イシュケビッチモデル　**81**

遺伝子組換えカイコガ　**53**
遺伝子操作技術　**44**
遺伝子プロモーター　**54**
遺伝的アルゴリズム　**190**, 193
イメージング法　**46**, 51

エフェクター遺伝子　**53**, 54, 56
エンハンサートラップ法　**57**

オイラー法　**174**
オプティックフロー　→optic
　flow
オプトジェネティクス
　→optogenetics

カ　行

カイコガ　**5**, 8, 17, 26, 48, 65
海綿動物　**10**
顔認識　**5**
学習行動　**5**, 24
下降性神経　**37**, **39**, 70, 72
活性化ゲート　**14**
活動電位　**12**, **14**, 36, 45, 147
カハール　**3**
過分極　**12**
ガラス吸引電極　→吸引電極法
ガラス微小電極　→微小電極法
カルシウムイメージング法
　51, 191
カルシウム感受性蛍光タンパク質　**54**
ガルバノミラー　**49**
感覚器　**10**

感覚受容細胞 **23**
感覚フィードバック **35**

ギガシール **48**
キノコ体 **20, 22, 45, 48**
逆誤差伝搬法 **80**
吸引電極法 **42, 50**
嗅覚受容細胞 **20, 36, 37**
嗅球 **20**
嗅孔 **36**
共焦点レーザ（走査型）顕微鏡 **49, 95, 97, 118, 119, 129**
胸部神経節 **18**
局所介在神経 **21, 70, 72**
筋電位 **76**

クラゲ **4**
クランク-ニコルソン法 **174**
グリア細胞 **11**
グルタミン酸 **15**

頸運動神経 **40, 42, 50**
蛍光プローブ **52**
げっ歯類 **2**
ケニオン細胞 **22, 48**
ゲノム **44**
ゲノム編集技術 **53**
ケーブル方程式 **146, 147, 159**
ケーブル理論 **146, 160**

効果器 **10**
口器 **19**
後口動物 **10**
後大脳 **19**
剛体変換 **98, 105, 106**
（行動）指令信号 **18, 23, 37, 39, 69**
交尾器 **17**
コナガ **59**
昆虫 **4, 10**
昆虫操縦型ロボット **32, 43**
コンパートメント **82, 158, 161, 165, 176**

サ 行

細胞外記録法 **45, 49**
細胞外多点同時計測法 **50**
細胞体 **11, 20**
細胞内局在性蛍光タンパク質 **54**
細胞内記録法 **46**
細胞膜 **10, 12, 80**
サイボーグ昆虫 **40, 41, 43**
左右相称動物 **10**
散在神経系 **10**

視運動反応 **31, 34**
視覚 **31, 34**
糸球体 **20, 38, 112**
軸索 **4, 11, 45, 163**
シナプス **4, 12, 15, 45, 48, 179, 180, 182, 191**
シナプス間隙 **15**
シナプス後細胞 **15**
シナプス前細胞 **15**
シナプス電位 **12, 15, 47**
自閉症 **3**
刺胞動物 **4, 10**
シミュレーション **7, 16, 145, 160, 190, 192**
集中神経系 **10**
縦連合 **18, 40**
樹状突起 **4, 11, 45, 163, 165**
出力神経 **21**
受容器 **45**
受容体 **15**
視葉 **45**
常糸球体 **20, 37, 38**
ショウジョウバエ **22, 48, 49, 53**
情動行動 **5**
小胞 **15**
食道下神経節 **18**
触角 **19, 37**
触角神経 **37**
触角葉 **20, 37, 45**
シリコンプローブ **50**
進化 **24**
神経回路 **3, 4, 72, 185**
神経細胞 →ニューロン
神経終末（部） **15**
神経情報基盤センター **8, 62**
神経節 **17**

神経伝達物質 **15, 45**
神経ペプチド分泌細胞 **56, 57**
人工知能 **24**

スパイク **14**
スパイクソーティング **50**
スーパーコンピュータ **6, 7, 84, 193**
スーパーコンピュータ「京」 **7, 85, 193**

静止（膜）電位 **12, 157**
性的二型 **20**
生得的行動 **20**
脊椎動物 **20**
セグメンテーション **91, 94, 111, 113, 115, 120, 123, 135**
摂食行動 **18**
セロトニン **15, 72**
前運動中枢 **23, 37, 39, 69, 190**
全か無かの法則 **159**
前胸腺刺激ホルモン **56, 57**
前口動物 **10**
前大脳 **19, 38**

双極神経 **11**
側副葉（LAL） **37, 38, 39, 69**

タ 行

大糸球体 **20, 37, 38, 52**
多極神経 **11**
多細胞動物 **10**
脱分極 **12, 14, 36**
多点同時計測法 **50**
単眼 **19**
単極神経 **11, 12**
単細胞生物 **10**
ダンス言語 **5**

知能 **24**
チャネルロドプシン-2（ChR2） **54, 59**
中枢パターン発生器（CPG） **18**
中大脳 **19**

定型的行動パターン　24, 29, 30, 35
適応能力　30, 32, 36
データベース　64, 69
テトロード　50
電気生理学　45
テンプレート（画像）　103

同定ニューロン　5, 46, 64
逃避行動　23
ドパミン　15
富岡製糸場　27

ナ 行

内因性神経　22
ナショナルバイオリソースプロジェクト　26
ナトリウムイオン（Na^+）　12, 80
慣れ　31
軟体動物　4, 10
匂い源探索行動　24, 27, 36, 59, 69
匂いの識別　21
日周リズム　31
日本比較生理生化学会　66
日本医療研究開発機構（AMED）　2
入力神経　21
ニューラルネットワーク　73
ニューロインフォマティクス　61, 62
ニューロインフォマティクス国際統合機構（INCF）　62
ニューロパイル（神経叢）　20
ニューロン（神経細胞）　3, 10, 11, 17, 45, 64, 145
ニューロンデータベース　64
認知　3

脳　2, 18
脳-機械融合システム（サイボーグ昆虫）　41
脳ギャラリー　76
濃度差（左右の），濃度勾配　31, 34, 35
脳（の）地図　3, 90, 91, 103

ハ 行

薄板スプライン変換　101, 106, 117, 140
梯子状神経系　18
パーセプトロン　79
発火　45
パッチクランプ法　46, 48, 49
ハロロドプシン　54
反射　5, 24
比較神経科学プラットフォーム（CNS-PF）　68
光遺伝学　→optogenetics
微小電極法　45, 46, 47, 48, 49
ヒスタミン　15
ヒューマンブレインプロジェクト　3
尾葉　17
病害虫　26
標準脳　90, 97, 102
ピンホール　49

ファーブル昆虫記　5, 27
フィラメント　28
フェロモン　22, 28, 38
フェロモン源探索行動　→匂い源探索行動
フェロモン源定位行動　→匂い源探索行動
不活性化ゲート　14
複眼　19
副成分　28
腹部神経節　18
浮動小数点数演算　6
フリッシュ　5
フリップフロップ応答　39, 70, 73
プルーム　33
ブレイン・イニシアチブ　3
分子遺伝学の手法　46, 52

平衡電位　14
扁形動物　10

傍細胞記録法　49
ホジキン-ハクスリー方程式（モデル）　80, 142, 148, 149, 153, 163, 174, 189
補償（補正）　34
ポスト「京」　7, 194
哺乳類　20
ボンビカール　28, 58
ボンビカール受容細胞　36
ボンビカール受容体　58
ボンビコール　22, 28, 52, 58
ボンビコール受容細胞　36
ボンビコール受容体　58

マ 行

膜電位　12
膜電位イメージング法　50
膜電位感受性色素　50
マッカロック-ピッツモデル　78
マルチコンパートメント・ホジキンハクスリー型モデル　85

ミンスキー　49

ムーアの法則　84
無脊椎動物　4
無脊椎動物脳プラットフォーム（IVB-PF）　8, 65

毛状感覚子　36
モジュール構造　19, 20, 23, 37, 98
モデル（化）　16, 145
モデル生物　27

ヤ 行

ユニット　50

ラ 行

ランドマーク　98, 103, 104, 117, 135, 138

リアルタイムシミュレーション 6, 192
リアルタイム性 6
理化学研究所脳科学総合研究センター神経情報基盤センター（NIJC） 8, 62
両側性神経 **70**, 72
緑色蛍光タンパク質（GFP） **53**

ルンゲクッタ法 **174**
レジストレーション **91**, 100, 117, 135, 137
レポーター遺伝子 53

編著者略歴

神崎亮平　（かんざき・りょうへい）

1957 年　和歌山県に生まれる
1986 年　筑波大学大学院博士課程修了
2003 年　筑波大学生物科学系・教授
2004 年　東京大学大学院情報理工学系研究科・教授
2006 年　東京大学先端科学技術研究センター・教授
現　在　東京大学先端科学技術研究センター・所長
　　　　理学博士
著　書　『自然の中の人間シリーズ　昆虫と人間編 9　昆虫ロボットの夢』
　　　　　（農山漁村文化協会，1998）
　　　　『ロボットで探る昆虫の脳と匂いの世界』（フレグランスジャーナル社，2009）
　　　　『岩波科学ライブラリー　サイボーグ昆虫，フェロモンを追う』（岩波書店，2014）
　　　　『ブレイクスルーへの思考』（東京大学出版会，2016）

昆虫の脳をつくる
　―君のパソコンに脳をつくってみよう―　　　　定価はカバーに表示

2018 年 4 月 25 日　初版第 1 刷
2018 年 6 月 5 日　　第 2 刷

編著者　神　崎　亮　平
発行者　朝　倉　誠　造
発行所　株式会社　朝　倉　書　店
　　　　東京都新宿区新小川町 6-29
　　　　郵便番号　162-8707
　　　　電　話　03 (3260) 0141
　　　　F A X　03 (3260) 0180
　　　　http://www.asakura.co.jp

〈検印省略〉

Ⓒ 2018〈無断複写・転載を禁ず〉　　印刷・製本　東国文化

ISBN 978-4-254-10277-2　C 3040　　Printed in Korea

JCOPY　〈(社)出版者著作権管理機構　委託出版物〉

本書の無断複写は著作権法上での例外を除き禁じられています．複写される場合は，そのつど事前に，(社)出版者著作権管理機構（電話 03-3513-6969，FAX 03-3513-6979，e-mail: info@jcopy.or.jp）の許諾を得てください．

❖ 脳科学ライブラリー ❖

津本忠治編集／進展著しい領域を平易に解説

理研 加藤忠史著
脳科学ライブラリー1
脳 と 精 神 疾 患
10671-8　C3340　　Ａ５判　224頁　本体3500円

うつ病などの精神疾患が現代社会に与える影響は無視できない。本書は，代表的な精神疾患の脳科学における知見を平易に解説する。〔内容〕統合失調症／うつ病／双極性障害／自閉症とAD/HD／不安障害・身体表現性障害／動物モデル／他

東北大 大隅典子著
脳科学ライブラリー2
脳 の 発 生 ・ 発 達
―神経発生学入門―
10672-5　C3340　　Ａ５判　176頁　本体2800円

神経発生学の歴史と未来を見据えながら平易に解説した入門書。〔内容〕神経誘導／領域化／神経分化／ニューロンの移動と脳構築／軸索伸長とガイダンス／標的選択とシナプス形成／ニューロンの生死と神経栄養因子／グリア細胞の産生／他

富山大 小野武年著
脳科学ライブラリー3
脳 と 情 動
―ニューロンから行動まで―
10673-2　C3340　　Ａ５判　240頁　本体3800円

著者自身が長年にわたって得た豊富な神経行動学的研究データを整理・体系化し，情動と情動行動のメカニズムを総合的に解説した力作。〔内容〕情動，記憶，理性に関する概説／情動の神経基盤，神経心理学・行動学，神経行動科学，人文社会学

慶大 岡野栄之著
脳科学ライブラリー4
脳 の 再 生
―中枢神経系の幹細胞生物学と再生戦略―
10674-9　C3340　　Ａ５判　136頁　本体2900円

中枢神経系の再生医学を目指す著者が，自らの研究成果を含む神経幹細胞研究の進歩を解説。〔内容〕中枢神経系の再生の概念／神経幹細胞とは／神経幹細胞研究ツールの発展／神経幹細胞の制御機構の解明／疾患・医療戦略／疾患・創薬研究

玉川大 小島比呂志監訳
脳・神経科学の研究ガイド
10259-8　C3341　　Ｂ５判　264頁　本体5400円

脳科学の多様な研究(実験)方法を解説。全14章で各章は独立しており，実験法の原理と簡単な流れ，データ解釈の注意，詳細な参考文献を網羅した。学生・院生から最先端の研究者まで，神経科学の研究をサポートする便利なガイドブック。

法政大 島野智之・北海道教育大 高久 元編
ダ ニ の は な し
―人間との関わり―
64043-4　C3077　　Ａ５判　192頁　本体3000円

人間生活の周辺に常にいるにもかかわらず，多くの人が正しい知識を持たないままに暮らしているダニ。本書はダニにかかわる多方面の専門家が，正しい情報や知識をわかりやすく，かつある程度網羅的に解説したダニの入門書である。

前富山大 上村 清編
蚊 の は な し
―病気との関わり―
64046-5　C3077　　Ａ５判　160頁　本体2800円

古来から痒みで人間を悩ませ，時には恐ろしい病気を媒介することもある蚊。本書ではその蚊について，専門家が多方面から解説する。〔内容〕蚊とは／蚊の生態／身近にいる蚊の見分け方／病気をうつす蚊／蚊の防ぎ方／退治法／調査法／他

元筑波大 河野義明・前東大 田付貞洋編著
昆 虫 生 理 生 態 学
42031-9　C3061　　Ａ５判　288頁　本体5400円

わかりやすく説き起こす基礎編と最新の研究知見を紹介する特異的現象編の二部構成で昆虫の生理生態学を解説。〔内容〕ゲノムと遺伝子／ホルモン／寄主選択／共生微生物／昆虫の音響交信／大量誘殺法のモデル解析／吸血の分子生理／他

前首都大 市原 茂・岩手大 阿久津洋巳・
お茶の水大 石口 彰編
視覚実験研究ガイドブック
52022-4　C3011　　Ａ５判　320頁　本体6400円

視覚実験の計画・実施・分析を，装置・手法・コンピュータプログラムなど具体的に示しながら解説。〔内容〕実験計画法／心理物理学的測定法／実験計画／測定・計測／モデリングと分析／視覚研究とその応用／成果のまとめ方と研究倫理

上記価格（税別）は2018年5月現在